PROBLEMAS RESUELTOS PARA SER UN CRACK EN MATEMÁTICAS

4.º ESO

JUAN DIEGO SÁNCHEZ TORRES

PROBLEMAS RESUELTOS PARA SER UN CRACK EN MATEMÁTICAS

4.º ESO

JUAN DIEGO SÁNCHEZ TORRES

Problemas resueltos para ser un crack en matemáticas. 4.º ESO

Primera edición, 2025

© 2025 Juan Diego Sánchez Torres

© 2025 MARCOMBO, S. L. www.marcombo.com
  Gran Via de les Corts Catalanes 594, 08007 Barcelona
  Contacto: info@marcombo.com

Ilustración de cubierta: Jotaká

Maquetación: Coopera Editorial

Corrección: José López Falcón

Directora de producción: M.ª Rosa Castillo

ISBN: 978-84-267-3791-5

D. L.: B 9647-2025

Impreso en Servicepoint

Printed in Spain

Libro ecológico
Impreso con papel procedente de bosques gestionados
de manera eficiente, libre de cloro

A María Sansano

ÍNDICE

CÓMO USAR ESTE LIBRO

Como ya sabrás, este libro es diferente de otros libros de problemas resueltos. Por ello, me ha parecido adecuado incluir este apartado, con el fin de darte ideas y orientarte, para que puedas sacar el máximo partido y aproveches todas las oportunidades de aprendizaje que el libro pone a tu alcance. Por supuesto, puedes pasar de leer este apartado, pero te aconsejo que no lo hagas, pues te será de ayuda para organizar el trabajo que harás con las actividades propuestas.

Como verás, el libro está dividido en dos partes: en la primera están los enunciados de las actividades; en la segunda, las soluciones, aunque se incluyen también los enunciados, para que te resulte más cómodo de seguir, y no tengas que estar yendo de una página a otra mientras estás trabajando alguna actividad.

Desde luego, es normal que tengas la tentación de ir directamente a las soluciones. Si lo haces, no es grave, ya que podrás seguir las actividades como en los libros «normales» de problemas resueltos (encontrarás los enunciados y, seguidamente, las soluciones), pero estarás perdiendo la oportunidad de aprender mucho más. Te propongo que, antes de mirar las soluciones, leas con detenimiento los enunciados y tengas claro qué se pide en cada actividad y que, luego, intentes resolverlas, una por una. Ya verás cómo, haciéndolo así, disfrutarás más con las actividades propuestas y, además, irás teniendo más soltura a la hora de resolver problemas matemáticos. Asimismo, te recomiendo que, aunque tengas la convicción de que has resuelto correctamente las actividades, mires la solución después, ya que seguramente podrás descubrir algún detalle o algún matiz que te resultará útil para fortalecer tu capacidad para resolver problemas.

Volviendo a la estructura del libro, cada una de las dos partes (enunciados y soluciones) está dividida en tres secciones, llamadas «Para entender el problema», «Para planificar la resolución del problema» y «Para resolver el problema paso a paso y comprobar la solución». Me gustaría comentarte un poco de qué va cada sección:

- En la primera sección, «Para entender el problema», hay una gran cantidad de enunciados de problemas. Sin embargo, no se trata de que los resuelvas. Por supuesto, si quieres resolverlos (cuando sea posible), no seré yo quien te diga que no lo hagas. Pero no es lo que se pide, ya que esta primera parte tiene como finalidad que te adentres en los enunciados, que los entiendas, que los analices y que saques conclusiones de ellos, sin entrar en la resolución del problema. Por ello, encontrarás actividades en las que «solo» tendrás que indicar si el enunciado aporta todos los datos necesarios o no (y por qué), otras actividades en las que deberás averiguar si sobran datos del enunciado (y cuáles), otras en las que tendrás que deducir si hay algún dato absurdo (y cuál y por qué), otras en las que tendrás que deducir qué afirmaciones son ciertas (y por qué), otras en las que deberás rellenar los huecos en blanco del enunciado a partir de la información de la resolución, otras en las que tendrás que pensar qué pregunta se podría hacer a partir de los datos del enunciado, etc. En definitiva, son actividades para que puedas desgranar los enunciados de los problemas, pero sin entrar de lleno en su resolución.

- La segunda sección, «Para planificar la resolución del problema», está formada por actividades diversas para analizar la resolución de multitud de problemas. De nuevo, no tendrás que resolverlos, sino focalizar tu esfuerzo en desmenuzar los pasos seguidos en las resoluciones y, a la vez, analizar los razonamientos empleados y observar la manera en que se debe argumentar cuando se resuelve un problema. En este sentido, hay que tener en cuenta que resolver un problema no se limita a hacer unas cuantas operaciones; lo más importante de la resolución de un problema no son las operaciones en sí, sino las razones que llevan a hacer esas operaciones y la forma en que se justifican los pasos que se van dando. Para que puedas desarrollar la capacidad de razonar y argumentar sobre la resolución de problemas, en esta sección encontrarás actividades en las que tendrás que indicar qué enunciados se ajustan a una resolución dada, otras actividades en las que deberás emparejar correctamente algunos enunciados con sus resoluciones, otras en las que tendrás que decidir qué paso es el correcto para resolver el problema, otras en las que rellenarás los huecos en blanco de las resoluciones a partir de la información dada en los enunciados, otras en las que ordenarás los pasos dados en la resolución del problema, etc.

- Finalmente, en la tercera sección, «Para resolver el problema paso a paso y comprobar la solución», por fin podrás resolver los problemas planteados (¡seguro que ya lo estabas deseando!). De todas maneras, no te enfrentarás a ellos a solas, ya que te acompañarán las pistas o indicaciones necesarias para que vayas dando los pasos adecuados en las resoluciones, hasta completarlas y, en ocasiones, juzgar si la solución encontrada es coherente o lógica.

Por otro lado, para abordar en profundidad muchas de las actividades propuestas, te irá bien tener un cuaderno y un lápiz a mano. Te aconsejo que no te limites a resolver las actividades «de cabeza», sino que indagues en cada una de ellas y des la respuesta por escrito, de manera razonada, ordenada y justificada, para luego poder compararla con la que está en la segunda parte del libro. De este modo, gracias a un trabajo concienzudo, podrás acostumbrarte a actuar de manera sistemática cuando resuelvas un problema y expliques los pasos que has ido dando hasta llegar a la solución.

Aunque te aconsejo que recojas las soluciones en un cuaderno, si el libro es tuyo, puedes aprovechar que en muchas actividades se reserva un espacio para anotar una cruz, un número o algún dato que falte, con el fin de identificar las actividades que ya tienes resueltas y conocer a golpe de vista la solución. Sin embargo, debes tener en cuenta que este libro no es como una revista de usar y tirar, sino un objeto que podrás conservar durante toda la vida. Por ello, te recomiendo que no escribas en él con bolígrafo y que, si usas un lápiz, lo hagas de manera suave, para que se pueda borrar después. De este modo, podrás darle una segunda vida al libro, bien para ti (cuando seas mayor) o para algún familiar o amigo.

Por último, me gustaría hablarte de la posibilidad de que encuentres actividades que no puedas resolver, por necesitar de contenidos, conocimientos o saberes que aún no hayas estudiado. Si te ocurre esto y tienes muchas ganas de afrontarlas, puedes pedir ayuda a tus familiares, tus profesores o tus amigos, o incluso buscar información por tu cuenta en Internet o en algún libro. En todo caso, te propongo que no tengas prisa por hacer todas las actividades. La idea es que este libro te acompañe durante gran parte del curso, por lo que podrás ir retomando las actividades que hayas ido dejando sin hacer, conforme vayas incorporando los conocimientos necesarios. Precisamente para eso están los espacios del libro en los que puedes hacer alguna marca o escribir algo, para que te resulte más sencillo localizar las actividades pendientes.

Espero que este libro cumpla tus expectativas, y que te resulte útil y relativamente sencillo de seguir. Confío en que, después de trabajar con él, mejores notablemente tus capacidades matemáticas.

Juan Diego

ENUNCIADOS
DE LOS PROBLEMAS

PARA ENTENDER EL PROBLEMA

1. Lee los siguientes enunciados y señala la opción correcta en cada caso. Justifica las respuestas.

> ➤ Borja ha dibujado un cuadrado y Consuelo ha construido otro, haciendo que un lado coincida con una diagonal del de Borja. ¿Cuál es el resultado de dividir el área del cuadrado trazado por Consuelo entre el área del cuadrado dibujado por Borja?

☐ No puedo responder a la pregunta porque faltan datos.

☐ No puedo responder a la pregunta porque hay datos absurdos o sin sentido.

☐ Sí puedo responder a la pregunta, pero hay datos de sobra.

☐ Sí puedo responder a la pregunta, porque están los datos necesarios, ni más ni menos.

> ➤ El precio de unas zapatillas, IVA incluido, es de 65 €. ¿Cuál es su precio sin IVA?

☐ No puedo responder a la pregunta porque faltan datos.

☐ No puedo responder a la pregunta porque hay datos absurdos o sin sentido.

☐ Sí puedo responder a la pregunta, pero hay datos de sobra.

☐ Sí puedo responder a la pregunta, porque están los datos necesarios, ni más ni menos.

> ➤ Una entidad financiera ofrece un depósito que consiste en la rebaja de un 1,75 % del capital invertido durante un año. ¿Cuál será el beneficio de un cliente que coloca 50 000 € en este depósito?

☐ No puedo responder a la pregunta porque faltan datos.

☐ No puedo responder a la pregunta porque hay datos absurdos o sin sentido.

☐ Sí puedo responder a la pregunta, pero hay datos de sobra.

☐ Sí puedo responder a la pregunta, porque están los datos necesarios, ni más ni menos.

➤ El cociente de la división de un polinomio $P(x)$ entre otro $Q(x)$ es de tercer grado. ¿Cuál es el grado de $P(x)$?

☐ No puedo responder a la pregunta porque faltan datos.

☐ No puedo responder a la pregunta porque hay datos absurdos o sin sentido.

☐ Sí puedo responder a la pregunta, pero hay datos de sobra.

☐ Sí puedo responder a la pregunta, porque están los datos necesarios, ni más ni menos.

➤ Para fotocopiar y encuadernar unos apuntes en la copistería *Isapapeles* hay que pagar 2,50 € fijos, más 10 céntimos por cada página; en cambio, en la copistería *Tomascopias* el precio es de 1,80 € fijos y 12 céntimos por cada página. ¿Cuál es el mínimo de páginas que hay que fotocopiar y encuadernar para que salga más barato en *Isapapeles*?

☐ No puedo responder a la pregunta porque faltan datos.

☐ No puedo responder a la pregunta porque hay datos absurdos o sin sentido.

☐ Sí puedo responder a la pregunta, pero hay datos de sobra.

☐ Sí puedo responder a la pregunta, porque están los datos necesarios, ni más ni menos.

➤ Un rotulador y un recambio de tinta cuestan 1,65 €. El precio de la carga de tinta es 35 céntimos superior al del rotulador, y cuestan lo mismo 20 rotuladores que 13 recambios de tinta. ¿Cuál es el precio de cada uno?

☐ No puedo responder a la pregunta porque faltan datos.

☐ No puedo responder a la pregunta porque hay datos absurdos o sin sentido.

☐ Sí puedo responder a la pregunta, pero hay datos de sobra.

☐ Sí puedo responder a la pregunta, porque están los datos necesarios, ni más ni menos.

➤ Desde un punto situado en el suelo de una plaza, se ve la parte superior de la torre de una iglesia bajo un ángulo de 50°. ¿Cuál es la altura de la torre?

☐ No puedo responder a la pregunta porque faltan datos.

☐ No puedo responder a la pregunta porque hay datos absurdos o sin sentido.

☐ Sí puedo responder a la pregunta, pero hay datos de sobra.

☐ Sí puedo responder a la pregunta, porque están los datos necesarios, ni más ni menos.

➢ Rubén está en la orilla de una playa haciendo volar una cometa sujeta con un hilo de 60 m totalmente tenso. En un determinado momento, el ángulo de inclinación del hilo con respecto a la horizontal es de 70º. ¿A qué distancia del suelo se encuentra la cometa en ese momento?

☐ No puedo responder a la pregunta porque faltan datos.

☐ No puedo responder a la pregunta porque hay datos absurdos o sin sentido.

☐ Sí puedo responder a la pregunta, pero hay datos de sobra.

☐ Sí puedo responder a la pregunta, porque están los datos necesarios, ni más ni menos.

➢ La fachada de un viejo edificio está apuntalada con tablones rectos de 4 m de longitud, que forman un ángulo de 60° con la horizontal. ¿A qué altura se encuentra el punto de contacto de cada tablón con la fachada?

☐ No puedo responder a la pregunta porque faltan datos.

☐ No puedo responder a la pregunta porque hay datos absurdos o sin sentido.

☐ Sí puedo responder a la pregunta, pero hay datos de sobra.

☐ Sí puedo responder a la pregunta, porque están los datos necesarios, ni más ni menos.

➢ La sombra de un poste de 9 m de altura mide 6 m, justo en el instante en el que los rayos del sol forman un ángulo de 56,31° con la horizontal. ¿Cuál es la distancia entre el extremo de la sombra y la parte superior del poste en ese momento?

☐ No puedo responder a la pregunta porque faltan datos.

☐ No puedo responder a la pregunta porque hay datos absurdos o sin sentido.

☐ Sí puedo responder a la pregunta, pero hay datos de sobra.

☐ Sí puedo responder a la pregunta, porque están los datos necesarios, ni más ni menos.

➢ ¿Cuál es la superficie de una plaza triangular cuyos ángulos miden 20°, 70° y 90°?

☐ No puedo responder a la pregunta porque faltan datos.

☐ No puedo responder a la pregunta porque hay datos absurdos o sin sentido.

☐ Sí puedo responder a la pregunta, pero hay datos de sobra.

☐ Sí puedo responder a la pregunta, porque están los datos necesarios, ni más ni menos.

➢ Desde un avión que vuela a 8000 m de altura, se ve un estadio de fútbol bajo un ángulo de depresión de 30°. Poco después, cuando el avión se desplaza 5 km en horizontal acercándose al estadio, el ángulo de depresión con el que se ve es de 25°. ¿A qué distancia del estadio está el avión en ese momento?

☐ No puedo responder a la pregunta porque faltan datos.

☐ No puedo responder a la pregunta porque hay datos absurdos o sin sentido.

☐ Sí puedo responder a la pregunta, pero hay datos de sobra.

☐ Sí puedo responder a la pregunta, porque están los datos necesarios, ni más ni menos.

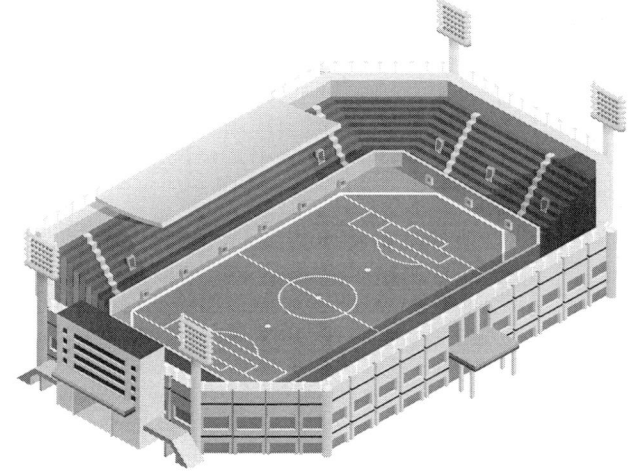

➢ El triángulo ABC tiene una superficie de 10 cm², y se verifica que $A = (-1, 4)$ y $B = (0, 1)$. ¿Cuáles son las coordenadas del vértice C?

☐ No puedo responder a la pregunta porque faltan datos.

☐ No puedo responder a la pregunta porque hay datos absurdos o sin sentido.

☐ Sí puedo responder a la pregunta, pero hay datos de sobra.

☐ Sí puedo responder a la pregunta, porque están los datos necesarios, ni más ni menos.

➢ De un triángulo ABC, se conoce el vértice A = (2, 0) y el punto medio de los vértices B y C, M = (8, 3). ¿Cuáles son las coordenadas del baricentro, H?

☐ No puedo responder a la pregunta porque faltan datos.

☐ No puedo responder a la pregunta porque hay datos absurdos o sin sentido.

☐ Sí puedo responder a la pregunta, pero hay datos de sobra.

☐ Sí puedo responder a la pregunta, porque están los datos necesarios, ni más ni menos.

➢ De un trapecio ABCD, se conocen los vértices consecutivos A = (−3, −2), B = (5, 0) y C = (3, 4), y el punto medio del lado CD, M = (1, 7/2). ¿Cuáles son las coordenadas del vértice D?

☐ No puedo responder a la pregunta porque faltan datos.

☐ No puedo responder a la pregunta porque hay datos absurdos o sin sentido.

☐ Sí puedo responder a la pregunta, pero hay datos de sobra.

☐ Sí puedo responder a la pregunta, porque están los datos necesarios, ni más ni menos.

➢ La gráfica correspondiente a un electrocardiograma es periódica, pues se repite la misma secuencia cada cierto tiempo, según los latidos del corazón. Para realizar esta prueba, se colocaron unos electrodos en el pecho y en las extremidades de un paciente durante cinco minutos. ¿Cuál es el periodo de la gráfica de ese electrocardiograma?

☐ No puedo responder a la pregunta porque faltan datos.

☐ No puedo responder a la pregunta porque hay datos absurdos o sin sentido.

☐ Sí puedo responder a la pregunta, pero hay datos de sobra.

☐ Sí puedo responder a la pregunta, porque están los datos necesarios, ni más ni menos.

➢ El número de socios del club de un equipo de fútbol se expresa por la función $f(t) = -t^2 - 1000$, siendo la variable t el tiempo, en años, transcurrido desde su fundación. ¿Cuántos socios tenía este equipo de fútbol en su tercer año de existencia?

☐ No puedo responder a la pregunta porque faltan datos.

☐ No puedo responder a la pregunta porque hay datos absurdos o sin sentido.

☐ Sí puedo responder a la pregunta, pero hay datos de sobra.

☐ Sí puedo responder a la pregunta, porque están los datos necesarios, ni más ni menos.

➢ Pedro ha colocado 70 000 € en un depósito bancario que le ofrece un interés compuesto del 1,5 % anual. Escribe la expresión algebraica de la función correspondiente al capital que posee Pedro, dependiendo del número de años transcurridos desde la contratación del depósito.

☐ No puedo responder a la pregunta porque faltan datos.

☐ No puedo responder a la pregunta porque hay datos absurdos o sin sentido.

☐ Sí puedo responder a la pregunta, pero hay datos de sobra.

☐ Sí puedo responder a la pregunta, porque están los datos necesarios, ni más ni menos.

➢ Un proyectil sigue una trayectoria parabólica e impacta a 700 m, en un punto situado a la misma altura que el del lanzamiento. ¿A qué distancia del lugar del impacto, medida en la horizontal, alcanza el proyectil la máxima altura?

☐ No puedo responder a la pregunta porque faltan datos.

☐ No puedo responder a la pregunta porque hay datos absurdos o sin sentido.

☐ Sí puedo responder a la pregunta, pero hay datos de sobra.

☐ Sí puedo responder a la pregunta, porque están los datos necesarios, ni más ni menos.

➢ La función $f(t) = \dfrac{4}{5}t$ expresa la cantidad de basura, en kilogramos, que genera una persona durante el mes de enero, siendo la variable t el número de días transcurridos de este mes. ¿Cuál es el dominio de la función f?

☐ No puedo responder a la pregunta porque faltan datos.

☐ No puedo responder a la pregunta porque hay datos absurdos o sin sentido.

☐ Sí puedo responder a la pregunta, pero hay datos de sobra.

☐ Sí puedo responder a la pregunta, porque están los datos necesarios, ni más ni menos.

➢ El coste de fabricación, en euros, de una cantidad x de bolígrafos, incluyendo todos los gastos, viene dado por la función $f(x) = 5\sqrt{x} + 10$. Halla la tasa de variación media.

☐ No puedo responder a la pregunta porque faltan datos.

☐ No puedo responder a la pregunta porque hay datos absurdos o sin sentido.

☐ Sí puedo responder a la pregunta, pero hay datos de sobra.

☐ Sí puedo responder a la pregunta, porque están los datos necesarios, ni más ni menos.

➤ En una caja, hay 12 fichas de parchís: tres rojas, dos azules, tres amarillas y cuatro verdes. ¿Cuál es la probabilidad de que, al sacar una ficha sin mirar, sea de color verde?

☐ No puedo responder a la pregunta porque faltan datos.

☐ No puedo responder a la pregunta porque hay datos absurdos o sin sentido.

☐ Sí puedo responder a la pregunta, pero hay datos de sobra.

☐ Sí puedo responder a la pregunta, porque están los datos necesarios, ni más ni menos.

➤ Se extraen, al azar, dos cartas de una baraja. ¿Cuál es la probabilidad de que las dos cartas sean del mismo palo?

☐ No puedo responder a la pregunta porque faltan datos.

☐ No puedo responder a la pregunta porque hay datos absurdos o sin sentido.

☐ Sí puedo responder a la pregunta, pero hay datos de sobra.

☐ Sí puedo responder a la pregunta, porque están los datos necesarios, ni más ni menos.

➤ Un juego consiste en lanzar dos dados y sumar las puntuaciones obtenidas en cada uno. ¿Cuál es la probabilidad de obtener un 7 en este juego?

☐ No puedo responder a la pregunta porque faltan datos.

☐ No puedo responder a la pregunta porque hay datos absurdos o sin sentido.

☐ Sí puedo responder a la pregunta, pero hay datos de sobra.

☐ Sí puedo responder a la pregunta, porque están los datos necesarios, ni más ni menos.

➤ Un equipo de pedagogos ha elaborado un plan para reducir el fracaso escolar. Para ello, han experimentado un nuevo método de enseñanza en un grupo de 1000 estudiantes. Según el informe presentado por este equipo de expertos, gracias al nuevo método de enseñanza, la nota media en Matemáticas de los 1000 estudiantes fue de 8,7 puntos y, además, todos los estudiantes habían obtenido una nota superior a esta media. ¿Cuántos puntos en total consiguieron los 1000 estudiantes en Matemáticas?

☐ No puedo responder a la pregunta porque faltan datos.

☐ No puedo responder a la pregunta porque hay datos absurdos o sin sentido.

☐ Sí puedo responder a la pregunta, pero hay datos de sobra.

☐ Sí puedo responder a la pregunta, porque están los datos necesarios, ni más ni menos.

➤ La estatura, en centímetros, de los 28 estudiantes de un grupo de 4.º de ESO, escrita por orden de lista, es: 182, 164, 170, 159, 160, 167, 185, 174, 163, 160, 180, 175, 181, 160, 162, 178, 175, 176, 184, 175, 166, 179, 162, 158, 171, 168, 183, 170. ¿Cuál es la moda?

☐ No puedo responder a la pregunta porque faltan datos.

☐ No puedo responder a la pregunta porque hay datos absurdos o sin sentido.

☐ Sí puedo responder a la pregunta, pero hay datos de sobra.

☐ Sí puedo responder a la pregunta, porque están los datos necesarios, ni más ni menos.

> ➤ El salario medio del personal de una empresa es de 1650 €/mes. Si se incorpora un nuevo directivo, con un sueldo mensual de 3800 €, ¿cuál será el nuevo salario medio de los empleados de esta empresa?
>
> ☐ No puedo responder a la pregunta porque faltan datos.
>
> ☐ No puedo responder a la pregunta porque hay datos absurdos o sin sentido.
>
> ☐ Sí puedo responder a la pregunta, pero hay datos de sobra.
>
> ☐ Sí puedo responder a la pregunta, porque están los datos necesarios, ni más ni menos.

2. Escribe dos preguntas que puedan contestarse con los datos aportados en cada uno de estos enunciados.

> ➤ Se consideran los números irracionales $A = 1{,}01001000100001\ldots$ y $B = 2{,}02002000200002\ldots$
>
> Dos posibles preguntas son:

> ➤ Un biólogo estudió el comportamiento de un cultivo de bacterias durante 10 días, y observó que, durante ese tiempo, la población se triplicaba cada día. Cuando inició el experimento, había 2000 bacterias en el cultivo.
>
> Dos posibles preguntas son:

> ➤ Para determinar la magnitud de un terremoto en la escala de Richter, se utiliza la fórmula:

$$M = \log\left(\frac{A}{A_0}\right)$$

> siendo A la amplitud de la onda del terremoto y A_0 la amplitud de la onda más pequeña que es posible detectar. En una ciudad, un día se produjo un terremoto con una amplitud de onda 10 000 veces superior a A_0 y, al día siguiente, otro con una magnitud de 4,7 en la escala de Richter.

Dos posibles preguntas son:

➢ Una empresa tiene contraída una deuda de 18 000 €, que debe pagar en el plazo de un año, con un interés del 2,3 %. Si incumple el plazo de pago, además del capital y los intereses, tendrá que abonar un recargo del 4 %.

Dos posibles preguntas son:

➢ La diferencia entre el cuadrado de un número par y el triple de otro impar es igual a 43. Además, la suma de ambos números es 15.

Dos posibles preguntas son:

➢ Una lámina metálica rectangular, utilizada en la fabricación de una puerta acorazada, se rodea con un marco de madera de 7 m de longitud. El largo de la lámina metálica es un 80 % mayor que el ancho.

Dos posibles preguntas son:

3. Escribe tres preguntas que puedan contestarse con los datos de cada enunciado.

➤ La base de un depósito cilíndrico tiene una superficie aproximada de 63,62 m², y su altura es un 60 % mayor que el diámetro de la base.

Tres posibles preguntas son:

➤ Un coche ha recorrido 2 km por una carretera recta, con una pendiente del 3 %.

Tres posibles preguntas son:

➤ De un triángulo se conocen los ángulos $A = 90°$ y $B = 38°$, y el lado $a = 18$ cm.

Tres posibles preguntas son:

➤ Aarón y Paco están arrastrando un pesado mueble, tirando de él con una cuerda cada uno. La fuerza con la que Aarón tira se corresponde con el vector $\vec{u} = (5,1)$, y la aplicada por Paco, con el vector $\vec{v} = (7,2)$.

Tres posibles preguntas son:

➤ Los puntos $A = (-1, -3)$, $B = (4, 1)$ y $C = (2, 5)$ son tres vértices consecutivos de un paralelogramo.

Tres posibles preguntas son:

➤ Un río está situado entre dos pueblos A y B, de manera que una parte de su cauce coincide con la mediatriz del segmento que los une. En cierto sistema de referencia, las coordenadas del pueblo A son $A = (1, 1)$, y las del punto medio de A y B vienen dadas por $M = (3, 2)$.

Tres posibles preguntas son:

➤ Óscar fue al cine con su mujer, su hijo y su hija, y se sentaron en cuatro butacas consecutivas.

Tres posibles preguntas son:

➢ Marta y Omar realizan un experimento aleatorio. En primer lugar, Marta lanza un dado. Si el resultado es menor de 3, Omar tira una moneda; si no, Omar lanza de nuevo el dado.

Tres posibles preguntas son:

➢ En unas elecciones, el partido *A* obtuvo 4 675 432 votos; el partido *B*, 3 789 215, y los restantes 1 632 874 votos fueron para otros partidos. Se elige un votante al azar.

Tres posibles preguntas son:

➢ Se extrae una bola, al azar, de una urna que contiene 25 bolas, numeradas del 1 al 25.

Tres posibles preguntas son:

➢ En un experimento aleatorio, la probabilidad de que ocurra un suceso *A* es 0,5; la de que ocurra un suceso *B*, 0,6; y la de que ocurran los dos a la vez, 0,2.

Tres posibles preguntas son:

➢ Se ha medido el cociente intelectual de los 20 estudiantes de 4.º de ESO con mejor nota en Matemáticas de una gran ciudad. Los resultados, ordenados de menor a mayor, son los siguientes:

112, 118, 119, 120, 124, 126, 128, 130, 132, 132, 133, 134, 137, 140, 140, 140, 142, 145, 146, 148

Tres posibles preguntas son:

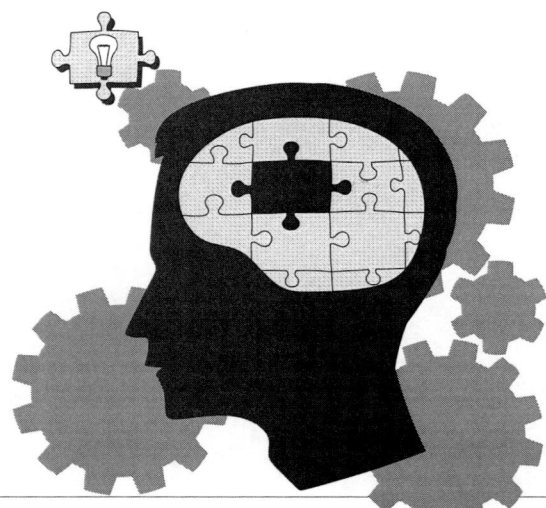

4. Traduce los siguientes enunciados al lenguaje algebraico, como se muestra en el ejemplo.

> EJEMPLO:
>
> Selene tiene 28 años menos que su padre y la suma de sus edades es igual a 46:
>
> $$x + (x - 28) = 46$$

➢ Si el lado de un cuadrado se aumenta en 10 cm, se forma otro cuadrado cuya superficie es 940 cm² mayor que la del primero.

➢ La media aritmética de dos números que se diferencian en 8 es igual a 58.

➢ El volumen de una caja que mide el doble de alto que de largo y la tercera parte de ancho que de largo es igual a 3888 cm³.

➢ El *manager* de un grupo de rock estima que, para que sea rentable ofrecer un concierto en un auditorio, los ingresos por la venta de las entradas, cuyo precio es de 28 € cada una, deben ser mayores de 42 000 €.

➢ Esteban tiene la mitad de pulseras que Alba, pero si la chica le diera cuatro, los dos tendrían la misma cantidad de pulseras.

➢ Un ajedrecista ha jugado un total de 7911 partidas oficiales a lo largo de su carrera, de las que 251 quedaron en tablas. El número de partidas ganadas es superior en 972 al de partidas perdidas.

➢ Se quiere colocar un techo de escayola en una habitación que mide 2,3 m más de largo que de ancho, siendo el precio del metro cuadrado de escayola de 20 €.

➢ Yolanda pagó una entrada de 180 € para la compra a plazos y sin intereses de un televisor que costaba 740 €. La cuota mensual que tiene que pagar es de 40 €.

➢ La suma de cinco números naturales consecutivos es igual a 100.

➢ Javier lee cada día seis páginas más de la mitad de las que diariamente lee Chelo y entre los dos leen un total de 75 páginas al día.

➢ Si se suma el mismo número a los numeradores de las fracciones 1/9 y 2/15, resulta la fracción 3/5.

➢ El propietario de un restaurante ha comprado el cuádruple de botellas de agua que de vino, por un importe total de 366 €. Cada botella de vino le ha costado 9 €, y cada botella de agua, 0,80 €.

5. Señala la oración adecuada para cada expresión algebraica.

➢ $x + 14 = 2(x - 8)$

☐ Hace 14 años, tenía la mitad de la edad que tendré cuando pasen ocho años.

☐ Si tuviera ocho años menos, debería esperar 14 años hasta tener el doble de los que tenía entonces.

☐ Dentro de 14 años, tendré el doble de la edad que tenía hace ocho años.

☐ Dentro de ocho años, tendré 14 años más de la mitad de mi edad actual.

➢ $(x + 28) + x = 166$

☐ Entre Ana y Eliseo, han pintado un total de 166 cuadros, 28 de los cuales son creaciones de la artista.

☐ Ana ha pintado 28 cuadros más que Eliseo y, entre los dos artistas, han creado 166 obras.

☐ Ana y Eliseo han pintado 28 cuadros en el último año, teniendo así un total de 166 obras, entre los dos artistas.

☐ Ana y Eliseo han expuesto 166 cuadros, de los que la artista ha vendido 28.

➢ $x^2 + (x + 25)^2 = 13\ 273$

☐ Si se aumenta en 25 m el lado de una parcela cuadrada, su perímetro es 13 273 m mayor que el de la parcela original.

☐ La superficie conjunta de dos parcelas cuadradas cuyos lados se diferencian en 25 m es de 13 273 m².

☐ La diferencia entre la superficie de dos parcelas cuadradas es de 13 273 m², y el lado de una de ellas mide 25 m más que el de la otra.

☐ Si se aumenta en 25 m el lado de una parcela cuadrada, se forma otra rectangular cuya superficie mide 13 273 m² más que la de la primera.

➤ $$\begin{cases} x + y = 84 \\ 0{,}50x + y = 70 \end{cases}$$

☐ Begoña ha sacado 70 € de su hucha, en monedas de 50 céntimos y de 1 €. Entre las 84 monedas que ha sacado, hay el doble de 50 céntimos que de 1 €.

☐ Begoña tiene en su hucha 70 monedas, la mitad de 50 céntimos y la otra mitad de 1 €, con un valor total de 84 €.

☐ En la hucha de Begoña, solo hay monedas de 50 céntimos y de 1 €. En total Begoña tiene 84 monedas, con un valor de 70 €.

☐ Begoña tiene un total de 70 monedas en su hucha, con un valor de 84 €. Hay el doble de monedas de 1 € que de 50 céntimos, y no hay monedas de otro tipo.

➤ $$\begin{cases} xy = 800 \\ 2x + 2y = 120 \end{cases}$$

☐ El perímetro de una cancha de fútbol sala mide 800 m, y sus lados se diferencian en 120 m.

☐ La suma de los dos lados de una cancha de fútbol sala es igual a 120 m, y tiene una superficie de 800 m².

☐ Una cancha de fútbol sala mide 800 cm más de largo que de ancho, y su superficie es de 120 m².

☐ Una cancha de fútbol sala tiene una superficie de 800 m², y su perímetro mide 120 m.

6. Señala la expresión algebraica de la función correspondiente a cada enunciado.

➤ Miriam trabaja como comercial y tiene un salario fijo de 650 € mensuales, más una comisión de 18 € por cada nuevo cliente que consigue. La función que permite indicar los ingresos mensuales de Miriam, dependiendo del número de clientes captados, es:

☐ $f(x) = 650 \cdot 18 \cdot x$

☐ $f(x) = (650 + 18)x$

☐ $f(x) = 650 + 18x$

☐ $f(x) = 650 \cdot (x + 18)$

☐ $f(x) = 18x - 650$

☐ $f(x) = 650x + 18$

➤ El largo de una parcela rectangular mide 45 m más que el ancho. La función que indica la superficie de la parcela, dependiendo de su anchura, es:

☐ $f(x) = (x + 45)^2$

☐ $f(x) = x(45 - x)$

☐ $f(x) = x(x - 45)$

☐ $f(x) = 2(x + 45) + 2x$

☐ $f(x) = x(x + 45)$

☐ $f(x) = 45x$

➤ El coste de fabricación de x bicicletas viene dado por una función, $f(x)$. La fábrica vende cada unidad a 390 €. La función que permite indicar los beneficios de la fábrica, dependiendo del número de bicicletas fabricadas y vendidas, es:

☐ $B(x) = 390x + f(x)$

☐ $B(x) = 390x - f(x)$

☐ $B(x) = 390 \cdot (x + f(x))$

☐ $B(x) = 390 + x \cdot f(x)$

☐ $B(x) = 390 \cdot (x - f(x))$

☐ $B(x) = 390 \cdot (f(x) - x)$

➤ La cantidad de individuos de una colonia de bacterias se triplica cada día. Al principio, había 12 750. La función que permite indicar el número de bacterias presentes en la colonia, dependiendo de los días transcurridos, es:

☐ $f(x) = 12\ 750 \cdot 3x$

☐ $f(x) = 3 \cdot 12\ 750^x$

☐ $f(x) = 12\ 750 \cdot (1 + 3^x)$

☐ $f(x) = 12\ 750 \cdot 3^x$

☐ $f(x) = 12\ 750 \cdot \left(1 + \dfrac{3}{100}\right)^x$

☐ $f(x) = 12\ 750 \cdot (3^x - 1)$

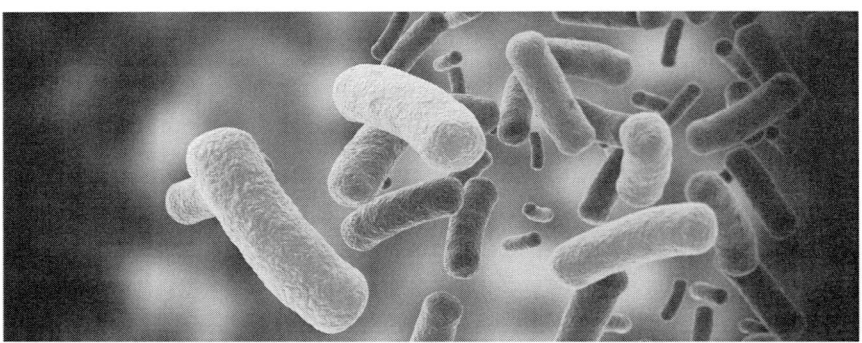

➤ El radio de la base de un depósito cilíndrico mide 1,2 m, y su altura es de 4,5 m. La función que permite indicar los metros que alcanza el nivel del agua en su interior, siempre que no rebose, dependiendo del número de litros que contiene el depósito, es:

☐ $f(x) = 1,2 \cdot \pi \cdot 0,001 \cdot x$

☐ $f(x) = (1,2)^2 \cdot \pi \cdot 0,001 \cdot x$

☐ $f(x) = 1,2 \cdot \pi \cdot (0,001 \cdot x)^2$

☐ $f(x) = \dfrac{\pi \cdot (1,2)^2}{0,001 \cdot x}$

☐ $f(x) = \dfrac{0,001 \cdot x}{\pi \cdot (1,2)^2}$

☐ $f(x) = \dfrac{\pi \cdot 1,2}{(0,001 \cdot x)^2}$

7. Analiza la resolución de los siguientes problemas y completa los huecos de sus enunciados.

> Un comercial recibe una comisión del _____ de los beneficios que sus ventas generan para la empresa, los cuales se corresponden con el _____ de la facturación. Si el comercial consiguió cerrar una venta por un importe de _____, ¿cuánto recibió?

En primer lugar, calculamos el beneficio que obtuvo la empresa con esta venta:

$$20 \text{ \% de } 185\,000 = 0{,}20 \cdot 185\,000 = 37\,000 \text{ €}$$

A continuación, determinamos la parte de este beneficio que corresponde al comercial:

$$7 \text{ \% de } 37\,000 = 0{,}07 \cdot 37\,000 = 2590 \text{ €}$$

Solución: el comercial recibió 2590 €.

> Un constructor ha dividido un solar de _____ m² en dos partes, una de ellas con una superficie _____ veces mayor que la otra, para construir un edificio de viviendas y un local comercial. Ha obtenido un beneficio de _____ € por cada metro cuadrado de la parte _____, y de _____ € por cada metro cuadrado de la parte _____. ¿Cuál ha sido el beneficio total del constructor?

Llamamos x a la superficie de la parte más pequeña. Con esta notación, el área de la parte mayor se expresa por $4x$. En consecuencia, la extensión conjunta de las dos partes en las que el constructor ha dividido el solar viene dada por la expresión $x + 4x$, lo cual permite plantear la ecuación:

$$x + 4x = 600$$

Resolviéndola, resulta: $x = 120$

Por tanto, la parte menor tiene una superficie de 120 m², y la mayor, de 480 m², pues $4 \cdot 120 = 480$.

Para calcular el beneficio que obtiene el constructor con cada parte, multiplicamos:

— Parte menor: $120 \cdot 1400 = 168\,000$ €

— Parte mayor: $480 \cdot 1850 = 888\,000$ €

Por último, sumamos los dos resultados anteriores:

$$168\ 000 + 888\ 000 = 1\ 056\ 000\ €$$

Solución: el beneficio total del constructor ha sido de 1 056 000 €.

➤ Un *camping* está ocupado por _____ tiendas de campaña, ancladas al suelo con un total de _____ piquetas. Hay dos clases de tiendas: las de tipo iglú, que necesitan _____ piquetas, y las de tipo _____, que precisan _____ piquetas. ¿Cuántas tiendas de cada tipo hay en el *camping*?

Llamamos x e y al número de tiendas de campaña de tipo iglú y de tipo canadiense, respectivamente. Teniendo en cuenta el número total de tiendas, resulta la ecuación:

$$x + y = 764$$

Por otro lado, a partir de la cantidad de piquetas que necesita cada tienda, según del tipo que sea, y del número de piquetas empleadas en total, obtenemos la ecuación:

$$8x + 14y = 7714$$

Resolviendo por el método de sustitución el sistema que conforman las dos ecuaciones, resulta:

$$\begin{cases} x + y = 764 \\ 8x + 14y = 7714 \end{cases} \rightarrow \begin{cases} y = 764 - x \\ 8x + 14(764 - x) = 7714 \rightarrow 6x = 2982 \rightarrow x = 497 \end{cases}$$

$$y = 764 - 497 \rightarrow y = 267$$

Solución: en el *camping* hay 497 tiendas de campaña de tipo iglú y 267 de tipo canadiense.

➤ Un peregrino del Camino de Santiago recorrió cada día los kilómetros que se muestran en la tabla. Representa, aproximadamente, la gráfica de la función que permite indicar la distancia total recorrida por el peregrino, en función del tiempo.

Día	1	2	3	4	5	6	7
Kilómetros							

A partir de los datos de la tabla, podemos calcular la distancia total recorrida por el peregrino, dependiendo del día:

— Momento de inicio: 0 km

— Primer día: 15 km

— Segundo día: 15 + 22 = 37 km

— Tercer día: 37 + 27 = 64 km

— Cuarto día: 64 + 30 = 94 km

— Quinto día: 94 + 25 = 119 km

— Sexto día: 119 + 18 = 137 km

— Séptimo día: 137 + 20 = 157 km

Finalmente, representamos los puntos correspondientes y los unimos con segmentos rectos, resultando una aproximación de la gráfica pedida:

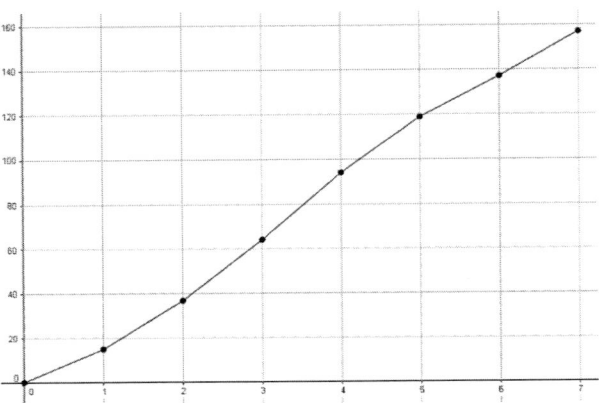

➤ Calcula _____ de la función $f(x) =$ _____ en el intervalo _____.

Para resolver el problema, aplicamos la fórmula:

$$TVM[a,b] = \frac{f(b) - f(a)}{b - a}$$

Sustituyendo los datos del enunciado y operando, resulta:

$$TVM[2,7] = \frac{\sqrt{7+2} - \sqrt{2+2}}{7-2} = \frac{3-2}{5} = \frac{1}{5}$$

Solución: el valor pedido es 1/5.

➤ La gráfica de una función _____, f, pasa por _____ y tiene el _____ en el punto (___, ___). Halla la expresión algebraica de la función f.

Por el tipo de función de que se trata, sabemos que su expresión algebraica es de la forma:

$$f(x) = ax^2 + bx + c$$

Sin embargo, como su gráfica pasa por el origen de coordenadas, debe ser $c = 0$.

Ahora, para averiguar los valores de a y b, hemos de tener en cuenta que el vértice se encuentra en el punto $(-1, -1)$. Así, resulta:

$$\begin{cases} f(-1) = -1 \\ V_x = \dfrac{-b}{2a} \end{cases} \rightarrow \begin{cases} a \cdot (-1)^2 + b \cdot (-1) = -1 \\ -1 = \dfrac{-b}{2a} \end{cases} \rightarrow \begin{cases} a - b = -1 \\ b = 2a \end{cases} \rightarrow \begin{cases} a = 1 \\ b = 2 \end{cases}$$

Solución: la expresión algebraica pedida es: $f(x) = x^2 + 2x$

➢ De los coches fabricados por la marca ALV, el _____ % tiene algún defecto en el _____, el _____ % tiene algún defecto en _____, y el _____ % tiene algún defecto en _____. Las _____ de los coches de esta marca nunca tienen defectos de fabricación. ¿Cuál es la probabilidad de que el ALV que ha comprado Julio _____?

En primer lugar, consideramos los sucesos:

A = {El ALV que ha comprado Julio tiene algún defecto en el motor}

B = {El ALV que ha comprado Julio tiene algún defecto en la carrocería}

Entonces, como las demás partes de los ALV nunca tienen defectos de fabricación, para resolver el problema basta con calcular la probabilidad del suceso $\bar{A} \cap \bar{B}$, que también se puede escribir como $\overline{A \cup B}$.

Para ello, podemos tener en cuenta la fórmula de la probabilidad del suceso contrario:

$$P\left(\overline{A \cup B}\right) = 1 - P(A \cup B)$$

Así, el problema se reduce a calcular $P(A \cup B)$, para lo cual usamos la fórmula:

$$P(A \cup B) = P(A) + P(B) - P(A \cap B)$$

Sustituyendo los datos del enunciado y operando, resulta:

$$P(A \cup B) = 0,05 + 0,03 - 0,01 = 0,07$$

Por tanto:

$$P\left(\overline{A \cup B}\right) = 1 - 0,07 = 0,93$$

Solución: la probabilidad de que el ALV que ha comprado Julio no tenga ningún defecto de fabricación es igual a 0,93.

➤ Una urna contiene _____ bolas _____, _____ azules y _____ rojas. Se saca una bola de la urna, al azar, y se mira su color. Si es _____, se lanza _____; si es azul, se tira _____, y si es roja, se devuelve a la urna y _____, al azar. Escribe el espacio muestral asociado a este experimento aleatorio y calcula la probabilidad de _____.

En primer lugar, consideramos los sucesos:

$$B = \{\text{La bola extraída de la urna es blanca}\}$$

$$A = \{\text{La bola extraída de la urna es azul}\}$$

$$R = \{\text{La bola extraída de la urna es roja}\}$$

$$C = \{\text{Se obtiene } cara \text{ al lanzar la moneda}\}$$

$$X = \{\text{Se obtiene } cruz \text{ al lanzar la moneda}\}$$

Asimismo, consideramos los sucesos 1, 2, 3, 4, 5 y 6, correspondientes con el número obtenido al tirar el dado.

Con esta notación, el espacio muestral es:

$$\Omega = \{BC, BX, A1, A2, A3, A4, A5, A6, RB, RA, RR\}$$

Ahora, para calcular la probabilidad de los sucesos elementales, utilizamos la regla del producto, por tratarse de sucesos independientes, y la regla de Laplace:

$$P(BC) = P(B) \cdot P(C) = \frac{10}{20} \cdot \frac{1}{2} = \frac{1}{4}$$

$$P(BX) = P(B) \cdot P(X) = \frac{10}{20} \cdot \frac{1}{2} = \frac{1}{4}$$

$$P(A1) = P(A) \cdot P(1) = \frac{4}{20} \cdot \frac{1}{6} = \frac{1}{30}$$

$$P(A2) = P(A) \cdot P(2) = \frac{4}{20} \cdot \frac{1}{6} = \frac{1}{30}$$

$$P(A3) = P(A) \cdot P(3) = \frac{4}{20} \cdot \frac{1}{6} = \frac{1}{30}$$

$$P(A4) = P(A) \cdot P(4) = \frac{4}{20} \cdot \frac{1}{6} = \frac{1}{30}$$

$$P(A5) = P(A) \cdot P(5) = \frac{4}{20} \cdot \frac{1}{6} = \frac{1}{30}$$

$$P(A6) = P(A) \cdot P(6) = \frac{4}{20} \cdot \frac{1}{6} = \frac{1}{30}$$

$$P(RB) = P(R) \cdot P(B) = \frac{6}{20} \cdot \frac{10}{20} = \frac{3}{20}$$

$$P(RA) = P(R) \cdot P(A) = \frac{6}{20} \cdot \frac{4}{20} = \frac{3}{50}$$

$$P(RR) = P(R) \cdot P(R) = \frac{6}{20} \cdot \frac{6}{20} = \frac{9}{100}$$

PARA PLANIFICAR LA RESOLUCIÓN DEL PROBLEMA

8. Observa la resolución y señala los enunciados que podrían solucionarse de este modo. Para los enunciados que no puedan resolverse así, explica la razón.

Llamamos x a uno de los datos que pretendemos calcular, e y al otro. Con esta notación, tenemos el siguiente sistema de ecuaciones:

$$\begin{cases} x + y = 45 \\ xy = 296 \end{cases}$$

Resolviéndolo por el método de sustitución, resulta:

$$\begin{cases} y = 45 - x \\ x(45 - x) = 296 \to 45x - x^2 = 296 \to x^2 - 45x + 296 = 0 \to x = \dfrac{45 \pm \sqrt{2025 - 1184}}{2} \to \end{cases}$$

$$x = \frac{45 \pm 29}{2} \to \begin{cases} x_1 = 37 \to y_1 = 45 - x_1 \to y_1 = 45 - 37 \to y_1 = 8 \\ x_2 = 8 \to y_2 = 45 - x_2 \to y_2 = 45 - 8 \to y_2 = 37 \end{cases}$$

Así pues, el sistema tiene dos soluciones:

$$\begin{cases} x = 37, y = 8 \\ x = 8, y = 37 \end{cases}$$

Sin embargo, estas dos soluciones del sistema se corresponden con una misma solución del problema, por el papel «simétrico» que tienen x e y, al poder intercambiarse una con otra. Así pues, podemos responder a la pregunta diciendo que los valores que resuelven el problema son 8 y 37.

☐ La edad de Juan y la de su hija suman 45, y su producto es igual a 296. ¿Cuál es la edad de cada uno de ellos?

☐ Los lados desiguales de una cartulina rectangular suman 45 cm, y su superficie es de 296 cm². ¿Cuáles son las dimensiones de la cartulina?

☐ La diferencia de dos números es 45, y su producto, 296. ¿Cuáles son estos números?

☐ Carla se gastó 296 € en varios frascos de perfume, siendo la suma del número de frascos y el número que indica el precio de cada uno igual a 45. Determina la cantidad de frascos de perfume que Carla compró y el precio de cada uno.

☐ ¿Qué dos números dan 45 al sumarlos y 296 al multiplicarlos?

9. Relaciona las siguientes resoluciones con un enunciado adecuado. Ten en cuenta que puede haber resoluciones que no se correspondan con ningún enunciado, y viceversa.

☐1 Llamando x al dato que se quiere calcular, el problema puede solucionarse mediante la ecuación:

$$\frac{x(x+1)}{2} = 10$$

Operando, trasponiendo y aplicando la fórmula de la ecuación de segundo grado, resulta:

$$\frac{x^2 + x}{2} = 10 \rightarrow x^2 + x = 20 \rightarrow x^2 + x - 20 = 0 \rightarrow$$

$$x = \frac{-1 \pm \sqrt{1+80}}{2} = \frac{-1 \pm \sqrt{81}}{2} = \frac{-1 \pm 9}{2} \rightarrow \begin{cases} x = 4 \\ x = -5 \end{cases}$$

La solución negativa no es válida, así que la descartamos. En consecuencia, el dato que responde a la pregunta es 4.

☐2 Llamando x al dato que se quiere calcular, el problema puede solucionarse mediante la ecuación:

$$\frac{x + (x-1)}{2} = 10$$

Resolviéndola, resulta:

$$x + x - 1 = 20 \rightarrow 2x = 21 \rightarrow x = 10{,}5$$

Por tanto, el dato que responde a la pregunta es 10,5.

3 Llamando x al dato que se quiere calcular, el problema puede solucionarse mediante la ecuación:

$$2[x(x+1)] = 10$$

Trasponiendo, operando y aplicando la fórmula de la ecuación de segundo grado, resulta:

$$x(x+1) = \frac{10}{2} \rightarrow x^2 + x = 5 \rightarrow x^2 + x - 5 = 0 \rightarrow$$

$$x = \frac{-1 \pm \sqrt{1+20}}{2} = \frac{-1 \pm \sqrt{21}}{2} \rightarrow \begin{cases} x = \dfrac{-1 + \sqrt{21}}{2} \\ x = \dfrac{-1 - \sqrt{21}}{2} \end{cases}$$

La solución negativa no es válida, así que la descartamos. En consecuencia, el dato que responde a la pregunta es:

$$\frac{-1 + \sqrt{21}}{2} \approx 1,79$$

☐ La mitad del producto de dos números negativos que se diferencian en una unidad es igual a 10. ¿Cuál es el menor de estos números?

☐ La media aritmética de dos números positivos que se diferencian en una unidad es igual a 10. ¿Cuál es el mayor de estos números?

☐ La mitad del producto de dos números positivos que se diferencian en una unidad es igual a 10. ¿Cuál es el mayor de estos números?

☐ El doble del producto de dos números positivos que se diferencian en una unidad es igual a 10. ¿Cuál es el menor de estos números?

☐ La media aritmética de un número positivo y el que resulta al multiplicarlo por otro que es una unidad mayor es igual a 10. ¿Cuál es este número?

☐ El doble del producto de dos números positivos que se diferencian en una unidad es igual a 10. ¿Cuál es el mayor de estos números?

☐ La mitad del producto de dos números positivos que se diferencian en una unidad es igual a 10. ¿Cuál es el menor de estos números?

☐ La media aritmética de dos números positivos que se diferencian en una unidad es igual a 10. ¿Cuál es el menor de estos números?

1. Aplicando la regla de Laplace, tenemos que la probabilidad de que la primera bola extraída sea blanca es 3/5, la cual coincide con la probabilidad de que la segunda bola sea blanca, suponiendo que la primera lo era. Por tanto, la probabilidad de que las dos bolas extraídas sean blancas es:

$$\frac{3}{5} \cdot \frac{3}{5} = \frac{9}{25}$$

2. Aplicando la regla de Laplace, tenemos que la probabilidad de que la primera bola extraída sea blanca es 3/5. Por su parte, la probabilidad de que la segunda bola sea blanca, suponiendo que la primera lo era, es 2/5. Por tanto, la probabilidad de que las dos bolas extraídas sean blancas es:

$$\frac{3}{5} \cdot \frac{2}{5} = \frac{6}{25}$$

3. Aplicando la regla de Laplace, tenemos que la probabilidad de que la primera bola extraída sea blanca es 3/5. Por su parte, la probabilidad de que la segunda bola sea blanca, suponiendo que la primera lo era, es 1/5. Por tanto, la probabilidad de que las dos bolas extraídas sean blancas es:

$$\frac{3}{5} + \frac{1}{5} = \frac{4}{5}$$

4. Aplicando la regla de Laplace, tenemos que la probabilidad de que la primera bola extraída sea blanca es 3/5. Por su parte, la probabilidad de que la segunda bola sea blanca, suponiendo que la primera lo era, es 1/2. Por tanto, la probabilidad de que las dos bolas extraídas sean blancas es:

$$\frac{3}{5} \cdot \frac{1}{2} = \frac{3}{10}$$

5. Aplicando la regla de Laplace, tenemos que la probabilidad de que la primera bola extraída sea blanca es 3/5. Por su parte, la probabilidad de que la segunda bola sea blanca, suponiendo que la primera lo era, es 1/5. Por tanto, la probabilidad de que las dos bolas extraídas sean blancas es:

$$\frac{3}{5} \cdot \frac{1}{5} = \frac{3}{25}$$

6. Aplicando la regla de Laplace, tenemos que la probabilidad de que la primera bola extraída sea blanca es 2/3. Por su parte, la probabilidad de que la segunda bola sea blanca, suponiendo que la primera lo era, es 1/2. Por tanto, la probabilidad de que las dos bolas extraídas sean blancas es:

$$\frac{2}{3} \cdot \frac{1}{2} = \frac{1}{3}$$

☐ En una urna, hay tres bolas blancas y dos negras. Se saca una bola al azar y, sin devolverla, se extrae otra, también al azar. ¿Cuál es la probabilidad de que las dos bolas extraídas sean blancas?

☐ En una urna, hay tres bolas blancas y dos negras. Se extrae una bola al azar, se anota su color y se devuelve a la urna. A continuación, se extrae otra bola, al azar. ¿Cuál es la probabilidad de que las dos bolas extraídas sean blancas?

☐ En una urna, hay tres bolas blancas y dos negras, y en otra, dos blancas y tres negras. Se extrae una bola al azar de la primera urna y, a continuación, otra de la segunda. ¿Cuál es la probabilidad de que las dos bolas extraídas sean blancas?

☐ En una urna, hay tres bolas blancas y dos negras, y en otra, una blanca y cuatro negras. Se extrae una bola al azar de la primera urna y, a continuación, otra de la segunda. ¿Cuál es la probabilidad de que las dos bolas extraídas sean blancas?

10. Relaciona cada construcción geométrica con el enunciado correcto. Ten en cuenta que puede haber construcciones geométricas que no se correspondan con ningún enunciado, y viceversa.

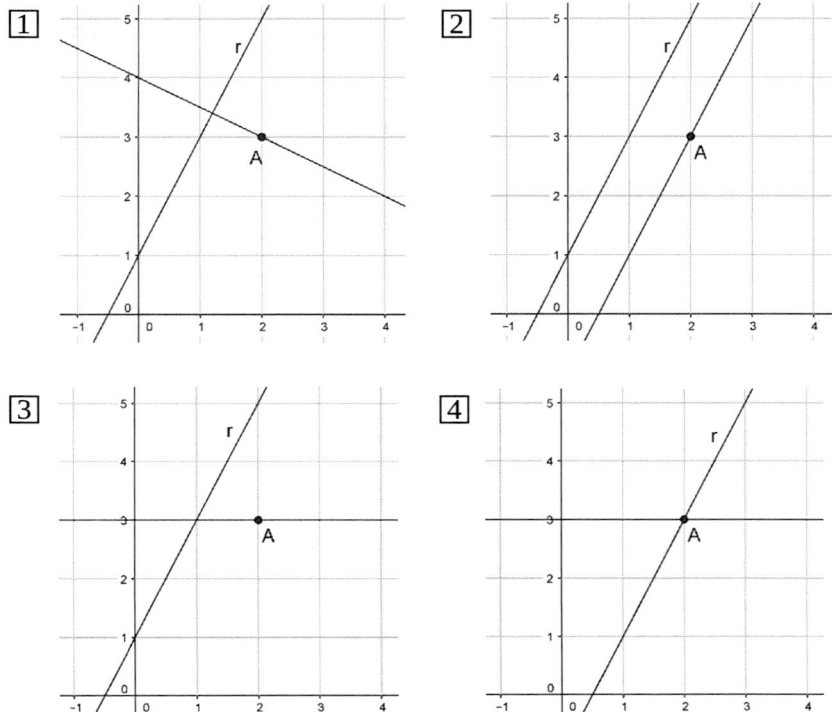

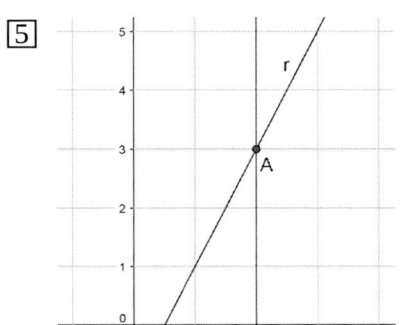

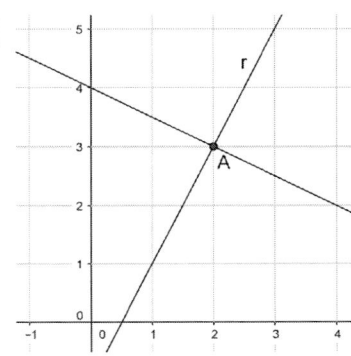

☐ Por el punto $A = (2, 3)$ se traza una recta que corta a la recta $r \equiv y = 2x + 1$, formando un ángulo cuya tangente vale 1/2.

☐ Por el punto $A = (2, 3)$ se traza una recta perpendicular a la recta $r \equiv y = 2x + 1$.

☐ Por el punto $A = (2, 3)$ se traza una recta paralela a la recta $r \equiv y = 2x - 1$.

☐ Por el punto $A = (2, 3)$ se traza una recta que corta a la recta $r \equiv y = 2x + 1$, formando un ángulo cuya tangente vale 2.

☐ Por el punto $A = (2, 3)$ se traza una recta que corta a la recta $r \equiv y = 2x - 1$, formando un ángulo cuya tangente vale 2.

☐ Por el punto $A = (2,3)$ se traza una recta perpendicular a la recta $r \equiv y = 2x - 1$.

☐ Por el punto $A = (2, 3)$ se traza una recta paralela a la recta $r \equiv y = 2x + 1$.

☐ Por el punto $A = (2, 3)$ se traza una recta que corta a la recta $r \equiv y = 2x - 1$, formando un ángulo cuya tangente vale 1/2.

11. Relaciona cada gráfica con un enunciado adecuado. Ten en cuenta que puede haber enunciados que no se correspondan con ninguna gráfica, y viceversa.

1

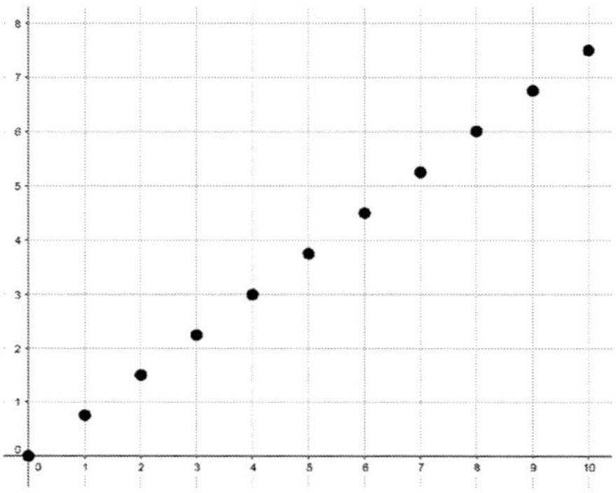

2

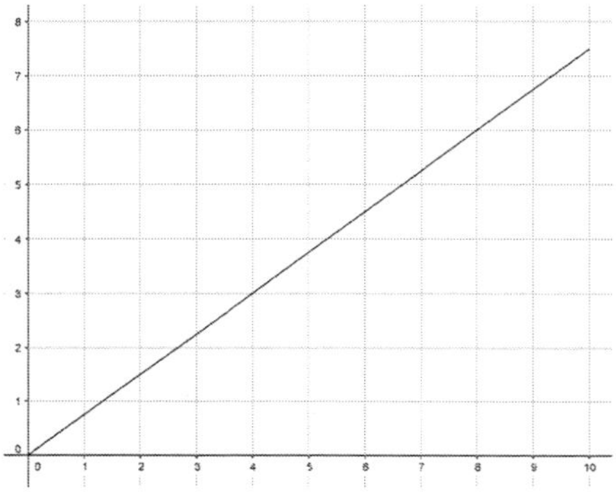

3

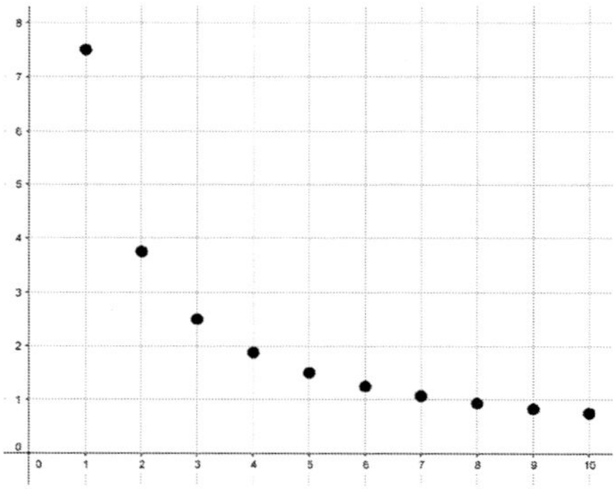

4

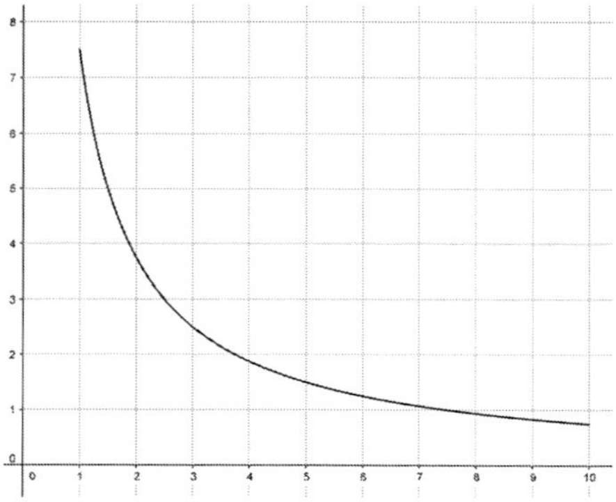

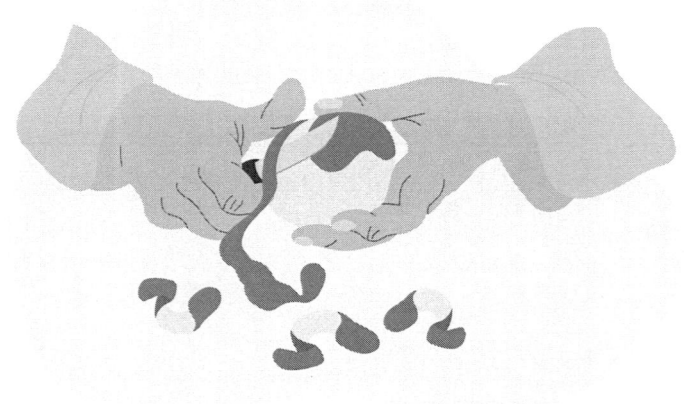

☐ En una tienda, se venden las patatas a 0,75 €/kg. Representa la gráfica de la función que permite indicar el coste de las patatas, dependiendo de la cantidad de kilos que se compren, teniendo en cuenta que solo quedan 10 kg en la tienda.

☐ En una tienda, se venden las patatas a 0,75 €/kg. Representa la gráfica de la función que permite indicar el coste de las patatas, dependiendo de la cantidad de clientes que compren, teniendo en cuenta que hay 10 clientes en la tienda.

☐ Un grupo de amigos quiere comprar 10 bolsas de patatas fritas, cuyo precio es de 0,75 € la unidad. Representa la gráfica de la función que permite indicar la cantidad de dinero que tiene que aportar cada amigo, dependiendo de cuántos participen en la compra, teniendo en cuenta que el grupo está formado por 10 amigos.

☐ Un grupo de 10 amigos quiere comprar varias bolsas de patatas fritas, cuyo precio es de 0,75 € la unidad. Representa la gráfica de la función que permite indicar la cantidad de dinero que tiene que aportar cada amigo, dependiendo de cuántos participen en la compra, teniendo en cuenta que compran tantas bolsas de patatas fritas como amigos aportan dinero para ello.

☐ En una tienda, se venden las bolsas de patatas fritas a 0,75 € la unidad. Representa la gráfica de la función que permite indicar el coste de las patatas fritas, dependiendo del número de bolsas que se compren, teniendo en cuenta que solo quedan 10 bolsas en la tienda.

12. Relaciona cada gráfica con una expresión algebraica adecuada. Ten en cuenta que puede haber expresiones algebraicas que no se correspondan con ninguna gráfica, y viceversa.

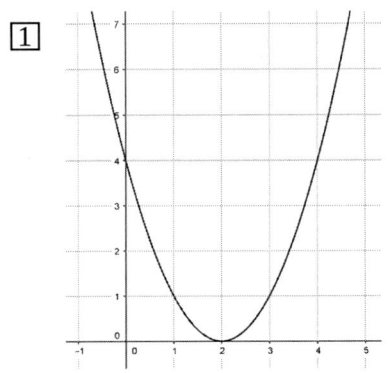

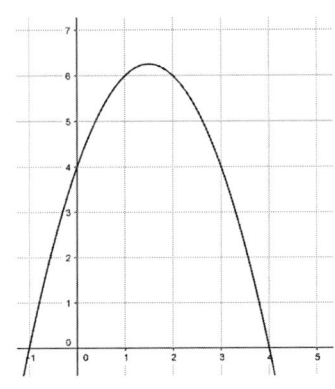

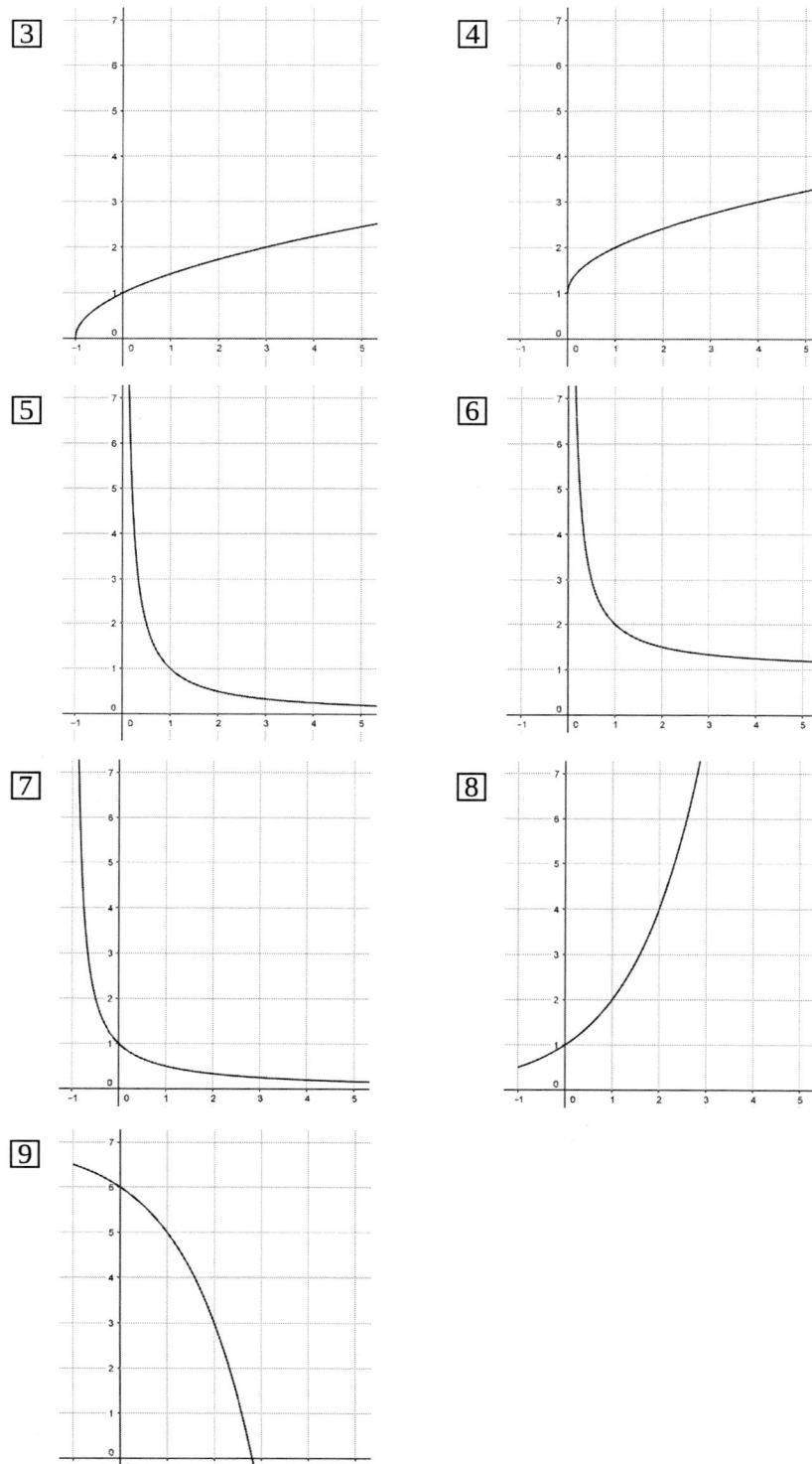

☐ $f(x) = \sqrt{x+1}$

☐ $f(x) = 7 - 2^x$, $x > -1$

☐ $f(x) = x^2 - 2x + 2$

☐ $f(x) = x^2 - 4x + 4$

☐ $f(x) = 2^{-x}$, $x > -1$

☐ $f(x) = \sqrt{x} + 1$

☐ $f(x) = \dfrac{1}{x} + 1$, $x > 0$

☐ $f(x) = \dfrac{1}{x-1}$, $x > 0$

☐ $f(x) = -\dfrac{1}{x}$, $x > 0$

☐ $f(x) = \dfrac{1}{x+1}$, $x > -1$

☐ $f(x) = 2^x$, $x > -1$

☐ $f(x) = -x^2 + 3x + 4$

☐ $f(x) = -2^x$, $x > -1$

☐ $f(x) = \sqrt{x-1}$

13. Representa la gráfica de una función que cumpla todas las características descritas en cada caso.

➢ El dominio es $D = (-3, 6]$; es discontinua solo en $x = 1$, donde presenta una asíntota vertical por la izquierda; es decreciente en todo su dominio, con un máximo relativo en el punto de discontinuidad, donde toma el valor 5; corta a los ejes en los puntos $(-1, 0)$, $(0, -1)$ y $(6, 0)$; y tiene una asíntota vertical por la derecha en $x = -3$.

➢ El dominio es $D = [0, +\infty)$; tiene una asíntota oblicua en la recta $y = x - 2$; es decreciente en $(0, 3)$ y creciente en el resto de su dominio; corta a los ejes en los puntos $(0, 8)$, $(2, 0)$ y $(4, 0)$; verifica que $f(3) = -1$; y es continua en todo su dominio.

➢ El dominio es $D = \mathbb{R}$; es continua en todo su dominio; es simétrica respecto del eje OY; es creciente en $(0, 1)$ y decreciente en $(1, 2)$; verifica que $f(0) = 0$, $f(1) = 2$ y $f(2) = 0$; es periódica, de periodo 2; y su gráfica está compuesta exclusivamente por tramos rectos.

14. Lee los siguientes enunciados y numera los pasos necesarios para que la resolución de cada uno quede correctamente ordenada. Ten en cuenta que puede
haber pasos que no formen parte de la resolución.

➢ Lourdes ha pedido dos préstamos: uno para comprar una vivienda y otro
para una plaza de aparcamiento. En total, Lourdes tendrá que devolver
141 100 €, entre los dos préstamos, aunque el banco solo le ha prestado
130 000 €, ya que debe pagar un interés del 8 % del dinero recibido para la
vivienda y del 15 % del correspondiente al aparcamiento. ¿Cuánto dinero
ha pedido Lourdes para comprar la vivienda? ¿Y para el aparcamiento?

☐ Por otro lado, puesto que Lourdes tiene que pagar un 8 % de interés
por el capital destinado a la vivienda, tendrá que devolver un 108 %
del mismo, pues 100 % + 8 % = 108 %, lo que significa que la cantidad que debe pagar al banco por el dinero destinado a la vivienda
se puede expresar como $1,08x$.

☐ Considerando las dos ecuaciones conjuntamente, tenemos el sistema:

$$\begin{cases} x + y = 141\ 100 \\ 1,08x + 1,15y = 130\ 000 \end{cases}$$

☐ Considerando las dos ecuaciones conjuntamente, tenemos el sistema:

$$\begin{cases} x + y = 130\ 000 \\ 1,08x + 1,15y = 141\ 100 \end{cases}$$

☐ Lourdes ha pedido 120 000 € para comprar la vivienda y 10 000 € para el aparcamiento.

☐ En consecuencia, resulta la ecuación:

$$1,08x + 1,15y = 130\ 000$$

☐ Lourdes ha pedido 104 225,71 € para comprar la vivienda y 25 774,29 € para el aparcamiento.

☐ Con esta notación, como Lourdes ha recibido un total de 130 000 €, tenemos la ecuación:

$$x + y = 130\ 000$$

☐ Finalmente, restamos:

$$141\ 100 - 36\ 874,29 = 104\ 225,71$$
$$130\ 000 - 104\ 225,71 = 25\ 774,29$$

☐ Resolviéndolo, resulta:

$$\begin{cases} x + y = 141\ 100 \\ 1,08x + 1,15y = 130\ 000 \end{cases} \rightarrow \begin{cases} x = 460\ 928,57 \\ y = -319\ 828,57 \end{cases}$$

La solución negativa no es válida, por lo que nos quedamos solo con la positiva.

☐ Entonces, el total que Lourdes debe abonar al banco viene dado por la expresión $1,08x + 1,15y$, por lo que obtenemos la ecuación:

$$1,08x + 1,15y = 141\ 100$$

☐ Con esta notación, como Lourdes tiene que devolver un total de 141 100 €, tenemos la ecuación:

$$x + y = 141\ 100$$

☐ Llamamos x a la cantidad de dinero que Lourdes ha pedido para comprar la vivienda, e y a la cuantía del préstamo para el aparcamiento.

☐ Del mismo modo, la cuantía que Lourdes tiene que pagar por el préstamo del aparcamiento se expresa por $1,15y$, ya que, en este caso, el interés es del 15 %, y se cumple que 100 % + 15 % = 115 %.

☐ Multiplicando el valor obtenido por los intereses correspondientes, tenemos:

$$460\ 928,57 \cdot 0,08 = 36\ 874,29$$

☐ Resolviéndolo, resulta:

$$\begin{cases} x + y = 130\ 000 \\ 1,08x + 1,15y = 141\ 100 \end{cases} \rightarrow \begin{cases} x = 120\ 000 \\ y = 10\ 000 \end{cases}$$

➤ Para aprobar la asignatura de Matemáticas, la nota media de los seis exámenes que se hacen durante el curso debe ser igual o superior a cinco puntos. Las calificaciones de Alonso en los primeros cinco exámenes fueron: 5, 5, 3, 4 y 6. ¿Qué nota mínima debe sacar Alonso en el último examen para aprobar Matemáticas?

☐ Llamamos x a la nota media de Alonso en los seis exámenes.

☐ Resolviéndola, resulta:

$$\frac{23 + 5x}{10} \geq 5 \rightarrow 23 + 5x \geq 50 \rightarrow 5x \geq 27 \rightarrow x \geq 5,4$$

☐ Operando, resulta:

$$\frac{\frac{23}{5} + x}{2} = \frac{\frac{23 + 5x}{5}}{2} = \frac{23 + 5x}{10}$$

☐ Resolviéndola, resulta:

$$\frac{23 + x}{6} \geq 5 \rightarrow 23 + x \geq 30 \rightarrow x \geq 7$$

☐ Con esta notación, a partir de los datos del enunciado tenemos la inecuación:

$$\frac{5 + 5 + 3 + 4 + 6}{5} + x \geq 5$$

☐ Multiplicando el resultado por 10, queda: $0,4 \cdot 10 = 4$

☐ Con esta notación, la nota media de todos los exámenes se expresa por:

$$\frac{\frac{5+5+3+4+6}{5}+x}{2}$$

☐ Llamamos x a la nota mínima que Alonso debe sacar en el último examen para aprobar Matemáticas.

☐ Para aprobar Matemáticas, Alonso debe sacar al menos un 7 en el último examen.

☐ Entonces, tenemos la inecuación: $x \geq 5$

☐ Con esta notación, la nota media de todos los exámenes se expresa por:

$$\frac{5+5+3+4+6+x}{6}$$

☐ Para aprobar Matemáticas, Alonso debe sacar al menos un 5,4 en el último examen.

☐ Para aprobar Matemáticas, Alonso debe sacar al menos un 4 en el último examen.

☐ Como esta nota media debe ser igual o superior a cinco puntos, tenemos la inecuación:

$$\frac{23+5x}{10} \geq 5$$

☐ Calculando la media de los exámenes, queda: $42 / 6 = 7$

☐ Como esta nota media debe ser igual o superior a cinco puntos, tenemos la inecuación:

$$\frac{23+x}{6} \geq 5$$

☐ Resolviéndola, resulta:

$$\frac{23}{5}+x \geq 5 \rightarrow x \geq 5-\frac{23}{5} \rightarrow x \geq \frac{25-23}{5} \rightarrow x \geq \frac{2}{5} \rightarrow x \geq 0,4$$

☐ Para aprobar Matemáticas, Alonso debe sacar al menos un 5 en el último examen.

☐ Operando, resulta que la expresión anterior es igual a:

$$\frac{23+x}{6}$$

➢ Dos de los lados de un solar triangular forman un ángulo de 45º, y miden 14 m y 30 m, respectivamente. ¿Cuál es la superficie del solar?

☐ Para calcular el valor de h, aplicamos la definición del seno.

☐ Así, tenemos:

$$\cos 45° = \frac{h}{14} \rightarrow h = 14 \cdot \cos 45° = 14 \cdot \frac{\sqrt{2}}{2} = 7\sqrt{2}$$

☐ Aplicando la fórmula del área del triángulo, resulta:

$$A = \frac{b \cdot h}{2} = \frac{30 \cdot 14}{2} = 210$$

☐

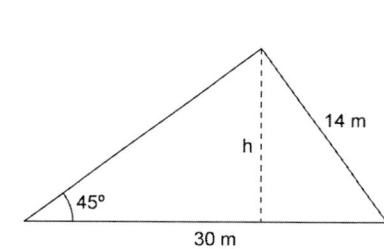

☐ Así, tenemos:

$$\operatorname{sen}45° = \frac{h}{30} \rightarrow h = 30 \cdot \operatorname{sen}45° = 30 \cdot \frac{\sqrt{2}}{2} = 15\sqrt{2}$$

☐ Llamamos h a la altura correspondiente al lado de 30 m, y representamos el solar en un dibujo, incluyendo los datos conocidos y la letra h.

☐ Para calcular el valor de h, aplicamos la definición de la tangente.

☐ La superficie del solar es de 210 m².

☐ Así, tenemos:

$$\operatorname{sen}45° = \frac{h}{14} \rightarrow h = 14 \cdot \operatorname{sen}45° = 14 \cdot \frac{\sqrt{2}}{2} = 7\sqrt{2}$$

☐ Aplicando la fórmula del área del triángulo, resulta:

$$A = \frac{b \cdot h}{2} = \frac{14 \cdot 15\sqrt{2}}{2} = 105\sqrt{2} \approx 148,49$$

☐ Para calcular el valor de h, aplicamos la definición del coseno.

☐

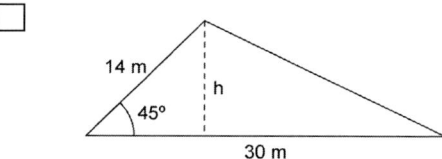

☐ La superficie del solar es de 148,49 m².

☐ Así, tenemos:

$$\operatorname{tg}45° = \frac{h}{14} \rightarrow h = 14 \cdot \operatorname{tg}45° \rightarrow h = 14 \cdot 1 \rightarrow h = 14$$

☐ Aplicando la fórmula del área del triángulo, resulta:

$$A = \frac{b \cdot h}{2} = \frac{30 \cdot 7\sqrt{2}}{2} = 105\sqrt{2} \approx 148,49$$

☐

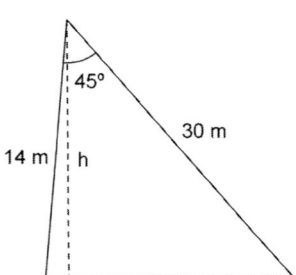

➤ Calcula las coordenadas de un punto, denotado por H, que equidiste de los puntos $A = (1, 1)$, $B = (4, 2)$ y $C = (5, 4)$.

☐ Ahora, para determinar las mediatrices, en primer lugar calculamos el punto medio del segmento AB, denotado por P, y el punto medio del segmento AC, denotado por Q:

$$P = \frac{A+B}{2} = \frac{(1,1)+(4,2)}{2} = \left(\frac{5}{2}, \frac{3}{2}\right) = (2,5; 1,5)$$

$$Q = \frac{A+C}{2} = \frac{(1,1)+(5,4)}{2} = \left(3, \frac{5}{2}\right) = (3; 2,5)$$

☐ Análogamente, obtenemos la ecuación de la otra mediatriz:

$$\overrightarrow{AC} = C - A = (4,3) \rightarrow 4x + 3y = c$$

$$4 \cdot 3 + 3 \cdot 2,5 = c \rightarrow c = 19,5$$

Luego la ecuación de la mediatriz es: $4x + 3y = 19,5$

☐ A continuación, trazamos la recta perpendicular al segmento AB que pasa por el punto P, y la perpendicular al segmento AC que pasa por Q, que son las mediatrices, obteniéndose el punto H como intersección de ambas.

☐ Puesto que el punto H equidista de A y de B, tiene que estar en la mediatriz del segmento AB.

☐ Así, tenemos: $3 \cdot 2{,}5 + 1{,}5 = k \rightarrow k = 9$

Luego la ecuación de la mediatriz es: $3x + y = 9$

☐ Aunque gráficamente se aprecia que $H = (1{,}5;\ 4{,}5)$, vamos a determinarlo de manera analítica, a fin de asegurarnos de que es así.

☐ El vector $\overrightarrow{AB}$ viene dado por $\overrightarrow{AB} = B - A = (3,1)$ y, al ser perpendicular a la mediatriz que estamos determinando, resulta que la ecuación de esta es de la forma $3x + y = k$, siendo k una incógnita que podemos calcular imponiendo que esta recta pase por el punto P.

☐ Como H también equidista de A y de C, debe estar en la mediatriz del segmento AC.

☐ Representamos los puntos A, B y C en un sistema de referencia, para ver la situación.

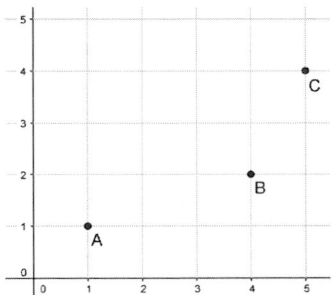

☐ Por tanto, tenemos el sistema:

$$\begin{cases} 3x + y = 9 \\ 4x + 3y = 19{,}5 \end{cases}$$

La solución es $x = 1{,}5$ e $y = 4{,}5$, como habíamos adelantado.

☐ De este modo, estamos en la situación mostrada en el gráfico.

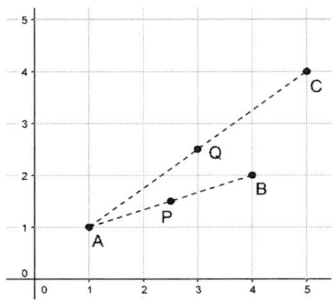

☐ Por tanto, las coordenadas del punto H se pueden obtener haciendo la intersección de las dos mediatrices mencionadas.

☐ El punto buscado es: $H = (1,5; 4,5)$

☐ Para ello, vamos a obtener las ecuaciones de las dos mediatrices, comenzando por la del segmento AB.

☐ En el gráfico se pueden ver las dos mediatrices trazadas y el punto H.

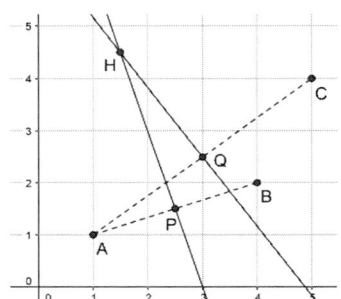

➢ Para producir x litros de aceite lubricante, una fábrica invierte la cantidad de euros dada por la expresión $f(x) = 10^{-6}x^3 - 0,03x^2 + 226,7x$. ¿Cuántos litros de aceite lubricante debe fabricar para que el coste por litro sea lo menor posible? ¿Cuál es el coste de cada litro de aceite lubricante fabricado si se produce esta cantidad de litros?

☐ En consecuencia, el mínimo se encuentra en:

$$V_x = \frac{-b}{2a} = \frac{0,03}{2 \cdot 10^{-6}} = 15\,000$$

☐ En consecuencia, tenemos que:

$$g(x) = 10^{-6}x^4 - 0,03x^3 + 226,7x^2$$

☐ Sustituyendo y operando, se sigue que:

$$g(x) = \frac{10^{-6}x^3 - 0,03x^2 + 226,7x}{x} \rightarrow$$

$$g(x) = 10^{-6}x^2 - 0,03x + 226,7$$

☐ Llamamos $g(x)$ a la función que permite indicar el precio de cada litro de aceite lubricante fabricado, dependiendo de la cantidad de litros que se elaboren.

☐ Para ello, sustituimos y operamos en la expresión de $f(x)$, resultando:

$$g(15\ 000) = 10^{-6} \cdot 15\ 000^3 - 0,03 \cdot 15\ 000^2 + 226,7 \cdot 15\ 000 = 25\ 500$$

☐ Para que el coste de cada litro de aceite lubricante elaborado sea lo menor posible, hay que fabricar 15 000 L. En este caso, el coste de cada litro es de 1,70 €.

☐ Como vemos, se trata de una función de cuarto grado cuyo coeficiente principal es positivo, por lo que el mínimo se encuentra en la abscisa del vértice.

☐ Calculamos ahora el coste de cada litro, suponiendo que se fabrican 15 000 L.

☐ Entonces, para obtener el precio de cada litro fabricado, a partir de la expresión de $f(x)$, hay que multiplicar, resultando: $g(x) = x \cdot f(x)$

☐ Entonces, teniendo en cuenta que $f(x)$ representa el coste total de producir x litros de aceite lubricante, para obtener el precio de cada litro fabricado hay que dividir, resultando:

$$g(x) = \frac{f(x)}{x}$$

☐ Calculamos ahora el coste correspondiente a la fabricación de 15 000 L.

☐ Para que el coste de cada litro de aceite lubricante elaborado sea lo menor posible, hay que fabricar 15 000 L. En este caso, el coste total es de 25 500 €.

☐ Para ello, sustituimos y operamos en la expresión de $g(x)$, resultando:

$$g(15\ 000) = 10^{-6} \cdot 15\ 000^2 - 0,03 \cdot 15\ 000 + 226,7 = 1,7$$

☐ Como vemos, se trata de una función cuadrática cuyo coeficiente principal es positivo, por lo que el mínimo se encuentra en la abscisa del vértice.

➤ Una urna, A, contiene siete bolas naranjas y tres verdes, y otra urna, B, está ocupada por tres bolas naranjas y seis verdes. Se extrae, al azar, una bola de la urna A y, sin mirar su color, se introduce en la urna B. A continuación, se extrae, al azar, una bola de la urna B. ¿Cuál es la probabilidad de que esta bola sea naranja?

☐ Si, por el contrario, la bola extraída de la urna A fuera verde, entonces, después de introducir esta bola en la urna B, en ella habría tres bolas naranjas y siete verdes.

☐ Con esta notación, teniendo en cuenta la composición de la urna A, podemos asignar estas probabilidades:

$$P(N_1) = \frac{7}{10}$$

$$P(V_1) = \frac{3}{10}$$

☐ Si, por el contrario, la bola extraída de la urna A fuera verde, entonces, después de introducir esta bola en la urna B, en ella habría seis bolas naranjas y cuatro verdes.

☐ Para esquematizar toda la información anterior, podemos utilizar este diagrama de árbol:

☐ Sumando las ramas del árbol, resulta:

$$P(N_2) = \frac{7}{10} \cdot \frac{3}{10} + \frac{2}{5} \cdot \frac{3}{10} = \frac{21}{100} + \frac{6}{50} = \frac{21}{100} + \frac{12}{100} = \frac{33}{100} = 0,33$$

☐ La probabilidad de que la bola extraída de la urna B sea naranja es igual a 0,37.

☐ En consecuencia, la probabilidad de sacar una bola naranja de la urna B, suponiendo que la bola extraída de la urna A también era naranja, es:

$$P\left(\frac{N_2}{N_1}\right) = \frac{4}{10} = \frac{2}{5}$$

☐ La probabilidad de que la bola extraída de la urna B sea naranja es igual a 0,33.

☐ Por tanto, la probabilidad de extraer una bola naranja de la urna B, suponiendo que la bola de la urna A era verde, es:

$$P\left(N_2 \big/ V_1\right) = \frac{3}{10}$$

☐ Con esta notación, teniendo en cuenta la composición de la urna A, podemos asignar estas probabilidades:

$$P(N_1) = \frac{3}{10}$$

$$P(V_1) = \frac{7}{10}$$

☐ Sumando las ramas del árbol, resulta:

$$P(N_2) = \frac{7}{10} \cdot \frac{2}{5} + \frac{3}{10} \cdot \frac{3}{10} = \frac{14}{50} + \frac{9}{100} = \frac{28}{100} + \frac{9}{100} = \frac{37}{100} = 0,37$$

☐ Consideramos los siguientes sucesos:

N_1 = {La bola extraída de la urna A es naranja}

V_1 = {La bola extraída de la urna A es verde}

N_2 = {La bola extraída de la urna B es naranja}

☐ El dato pedido es la resta: $0,37 - 0,33 = 0,04$

☐ En consecuencia, tenemos las siguientes probabilidades condicionadas:

$$P\left(N_2 \big/ N_1\right) = \frac{3}{10}$$

$$P\left(N_2 \big/ V_1\right) = \frac{4}{10} = \frac{2}{5}$$

☐ Supongamos, por un momento, que la bola extraída de la urna A fuera naranja (lo cual sucede con probabilidad 7/10, como hemos dicho). Entonces, después de introducir esta bola en la urna B, en ella habría cuatro bolas naranjas y seis verdes.

15. Los siguientes enunciados son claramente falsos. Sin embargo, los razonamientos empleados parecen correctos. Localiza el error que hay en cada uno de ellos y explica la causa.

➢ Se verifica que 2 > 4.

Como el número 1 es positivo, se cumple que 1 > 0. Multiplicando cada miembro de esta desigualdad por 12, tenemos que 12 > 0 y, sumando 4 a cada lado, resulta que 16 > 4. Trasponiendo estos números, llegamos a:

$$16 > 4 \rightarrow 1 > \frac{4}{16} \rightarrow \frac{1}{4} > \frac{1}{16}$$

Ahora bien, puesto que $4 = 2^2$ y $16 = 2^4$, sustituyendo en la desigualdad anterior, obtenemos:

$$\frac{1}{2^2} > \frac{1}{2^4}$$

Esta desigualdad es equivalente a esta otra:

$$\left(\frac{1}{2}\right)^2 > \left(\frac{1}{2}\right)^4$$

En consecuencia, tomando logaritmo decimal, queda:

$$\log\left(\frac{1}{2}\right)^2 > \log\left(\frac{1}{2}\right)^4$$

Por las propiedades de los logaritmos, podemos «bajar» los exponentes y colocarlos delante, multiplicando. Así, tenemos:

$$2\log\left(\frac{1}{2}\right) > 4\log\left(\frac{1}{2}\right)$$

Dado que en los dos miembros de esta última desigualdad aparece el logaritmo decimal de 1/2, trasponemos uno de ellos, para poder simplificarlos:

$$2 > \frac{4\log\left(\dfrac{1}{2}\right)}{\log\left(\dfrac{1}{2}\right)}$$

Finalmente, cancelamos los logaritmos:

$$2 > \frac{4\,\cancel{\log\left(\dfrac{1}{2}\right)}}{\cancel{\log\left(\dfrac{1}{2}\right)}} \rightarrow 2 > 4$$

Así, hemos llegado a la desigualdad que queríamos demostrar.

¿Qué paso no es correcto? ¿Por qué?

➢ El número 1 y el número 2 son iguales.

Consideramos dos números distintos de cero, x e y, que sean iguales entre sí, es decir, $x = y$. Multiplicando los dos miembros de esta igualdad por x, resulta:

$$x = y \rightarrow x \cdot x = x \cdot y \rightarrow x^2 = x \cdot y$$

Restando en ambos miembros la expresión y^2, tenemos:

$$x^2 = x \cdot y \rightarrow x^2 - y^2 = x \cdot y - y^2$$

Aplicando la identidad notable $a^2 - b^2 = (a + b)(a - b)$ en el primer miembro y extrayendo y como factor común en el segundo, llegamos a:

$$(x + y)(x - y) = y(x - y)$$

Trasponiendo la expresión $x - y$, se sigue:

$$x + y = \frac{y(x - y)}{x - y}$$

Cancelando, resulta:

$$x + y = \frac{y\,(x\cancel{-y})}{\cancel{x-y}} \rightarrow x + y = y$$

Ahora bien, como se cumple que $x = y$ (los hemos elegido así desde el principio), sustituyendo en la igualdad anterior y agrupando términos semejantes, tenemos:

$$x + y = y \rightarrow y + y = y \rightarrow 2y = y$$

Finalmente, trasponemos y y simplificamos:

$$2y = y \rightarrow 2 = \frac{y}{y} \rightarrow 2 = 1$$

Así, hemos llegado a la igualdad que queríamos demostrar.

¿Qué paso no es correcto? ¿Por qué?

➤ Se verifica que $1 = 5$.

Consideramos la identidad trigonométrica fundamental $\cos^2 x + \operatorname{sen}^2 x = 1$, la cual se verifica para cualquier ángulo x. Trasponiendo el cuadrado del seno y extrayendo la raíz cuadrada, para despejar el coseno, resulta:

$$\cos^2 x + \operatorname{sen}^2 x = 1 \rightarrow \cos^2 x = 1 - \operatorname{sen}^2 x \rightarrow \cos x = \sqrt{1 - \operatorname{sen}^2 x}$$

A continuación, sumamos 1 a cada miembro de esta última igualdad:

$$1 + \cos x = 1 + \sqrt{1 - \operatorname{sen}^2 x}$$

Seguidamente, elevamos al cuadrado ambos miembros y desarrollamos, utilizando la conocida identidad notable:

$$\left(1 + \cos x\right)^2 = \left(1 + \sqrt{1 - \operatorname{sen}^2 x}\right)^2 \rightarrow 1 + 2\cos x + \cos^2 x = 1 + 2\sqrt{1 - \operatorname{sen}^2 x} + \left(\sqrt{1 - \operatorname{sen}^2 x}\right)^2$$

Cancelando el 1 que está en cada miembro y simplificando la raíz cuadrada con el cuadrado, tenemos:

$$2\cos x + \cos^2 x = 2\sqrt{1 - \operatorname{sen}^2 x} + 1 - \operatorname{sen}^2 x$$

Extrayendo el coseno como factor común en el primer miembro, llegamos a:

$$\cos x \cdot (2 + \cos x) = 2\sqrt{1 - \operatorname{sen}^2 x} + 1 - \operatorname{sen}^2 x$$

Ahora bien, como esta igualdad es válida para cualquier ángulo x, como ya habíamos indicado al principio, en particular debe serlo para $x = 180°$. En consecuencia, sustituyendo x por $180°$, resulta:

$$\cos 180° \cdot (2 + \cos 180°) = 2\sqrt{1 - \operatorname{sen}^2 180°} + 1 - \operatorname{sen}^2 180°$$

Teniendo en cuenta que $\operatorname{sen} 180° = 0$ y que $\cos 180° = -1$, la anterior igualdad se convierte en esta otra:

$$-1 \cdot [2 + (-1)] = 2\sqrt{1 - 0^2} + 1 - 0^2$$

Realizando las operaciones indicadas, se sigue:

$$-1 \cdot [2 + (-1)] = 2\sqrt{1 - 0^2} + 1 - 0^2 \rightarrow -1 \cdot 1 = 2\sqrt{1} + 1 \rightarrow -1 = 2 + 1 \rightarrow -1 = 3$$

Finalmente, sumando 2 a cada miembro, llegamos a la igualdad que pretendíamos demostrar:

$$-1 = 3 \rightarrow -1 + 2 = 3 + 2 \rightarrow 1 = 5$$

¿Qué paso no es correcto? ¿Por qué?

16. La resolución de este problema es incorrecta. Identifica el error, explica las causas e indica cómo sería la resolución correcta.

> Para rellenar un boleto de la Lotería Primitiva, hay que marcar seis números de la lista formada por los números del 1 al 49. ¿Cuántos boletos distintos de la Lotería Primitiva se pueden rellenar? ¿Cuál es la probabilidad de acertar los seis números de este sorteo?
>
> Imaginemos que vamos marcando, uno a uno, los seis números que queramos del boleto de la Lotería Primitiva. Entonces, para el primer número podemos elegir cualquiera de los 49 de la lista, por lo que hay 49 posibilidades.

A continuación, una vez marcado el primer número, para elegir el segundo disponemos de 48 opciones, puesto que no se puede marcar dos veces el mismo número. Así pues, aplicando el principio del producto, resulta que podemos seleccionar los dos primeros números de 2352 maneras distintas, ya que 49 · 48 = 2352.

Del mismo modo, cuando ya se han marcado los dos primeros números, se puede elegir el tercero de entre los 47 que siguen sin marcar, por lo que hay 47 posibilidades. Aplicando nuevamente el principio del producto, podemos hallar la cantidad de maneras distintas que hay de elegir los tres primeros números, resultando: 49 · 48 · 47 = 2352 · 47 = 110 544

Reiterando el razonamiento, podemos ver que, para marcar el cuarto número, se dispone de 46 opciones; para el quinto, de 45, y para el sexto, de 44. En consecuencia, aplicando varias veces el principio del producto, resulta que la cantidad de boletos distintos de la Lotería Primitiva que se pueden rellenar es: 49 · 48 · 47 · 46 · 45 · 44 = 10 068 347 520

Abordamos ahora la segunda parte del problema. Para ello, aplicamos la regla de Laplace, teniendo en cuenta que el número de casos posibles coincide con la cantidad de boletos distintos de la Lotería Primitiva que se pueden rellenar (antes calculado) y que hay un único caso favorable, ya que solo uno de los boletos que se pueden rellenar tiene marcados los seis números que salgan en el sorteo. Por tanto, la probabilidad buscada es:

$$P(\text{Acertar los seis números}) = \frac{1}{10\ 068\ 347\ 520} \approx 0,000000000099321$$

Solución: se pueden rellenar 10 068 347 520 boletos distintos de la Lotería Primitiva. La probabilidad de acertar los seis números de la Lotería Primitiva es igual a 0,000000000099321.

¿Dónde está el fallo? ¿Por qué? ¿Cuál sería la forma correcta de resolverlo?

17. Analiza el enunciado y la resolución de los siguientes problemas. Completa lo que falta en cada caso.

➤ En un cine hay _____ butacas, colocadas en filas de la misma longitud. La cantidad de butacas que hay en cada fila es _____ en _____ unidades al _____. ¿Cuántas filas tiene el cine? ¿Cuántas butacas hay en cada una?

Llamamos x al número de filas que tiene el cine. Entonces, la cantidad de butacas que hay en cada una de ellas viene dada por la expresión _____, ya que esta cantidad es inferior en dos unidades al número de filas.

Así pues, es posible representar el número de butacas del cine mediante el producto:

_____

Ahora bien, teniendo en cuenta cuántas butacas hay, obtenemos la igualdad:

_____

(Se trata de una ecuación de segundo grado)

Resolviéndola, resulta:

_____

_____

La solución _____ no es válida, pues no tiene sentido considerar una cantidad negativa de filas, así que la descartamos.

Finalmente, hallamos el número de butacas que hay en cada fila:

_____

Solución: el cine tiene _____ filas, en cada una de las cuales hay _____ butacas.

➢ En una clase de 4.º de ESO, hay _____ estudiantes que llevan pendiente, entre chicos y chicas. Las chicas llevan un pendiente en cada _____, y los chicos, _____. En total, hay _____ pendientes. ¿Cuántas chicas y cuántos chicos hay en esta clase que llevan pendiente?

Llamamos x e y al número de chicas y chicos, respectivamente, que llevan pendiente.

Dado que hay un total de 21 estudiantes, entre chicos y chicas, que llevan pendiente, tenemos la ecuación:

_____

Por otro lado, como las chicas llevan un pendiente en cada oreja, el número total de pendientes que llevan las chicas se puede expresar como _____.

Asimismo, puesto que los chicos que llevan pendiente solo tienen uno, la cantidad de pendientes que llevan los chicos se expresa por _____.

Ahora bien, como el número total de pendientes es 38, tenemos la ecuación:

_____

Considerando las dos ecuaciones de manera conjunta, obtenemos el sistema:

_____

Resolviéndolo por el método de reducción, resulta:

_____

Solución: en esta clase, hay _____ chicas y _____ chicos que llevan pendiente.

➤ Calcula la _____ de una plaza con forma de _____ regular cuyo _____ mide _____ m. ¿Cuál es _____ de esta plaza?

En primer lugar, realizamos un dibujo que incluya el dato conocido y el desconocido, que denotamos por a.

14 m

Ahora, trazando un radio del octógono regular y teniendo en cuenta que la apotema divide al lado en dos partes _____, podemos considerar el siguiente triángulo rectángulo, en el que aparece señalado un ángulo agudo con la letra _____.

Por otro lado, para calcular el ángulo central correspondiente al lado del octógono, hay que _____ los 360° que tiene la circunferencia completa por el número de lados:

_____

Así pues, al ser el ángulo α igual a _____ del ángulo obtenido, resulta:

α = _____

De este modo, del triángulo rectángulo anterior conocemos un ángulo agudo y un cateto, y pretendemos determinar el otro cateto, por lo que podemos usar la definición de _____, que es la razón trigonométrica que relaciona estos tres elementos. Aplicando esta definición, despejando el dato desconocido y operando, resulta:

_____

Finalmente, vamos a calcular la superficie de la plaza octogonal, para lo cual podemos aplicar la fórmula:

_____

Como vemos, falta conocer un dato de esta fórmula, pero podemos hallarlo fácilmente, teniendo en cuenta el dato del enunciado y el número de lados del polígono regular:

_____

Sustituyendo este resultado en la fórmula y operando, tenemos:

_____

Solución: la _____ de la plaza con forma de _____ regular mide _____ m, y su superficie es de _____ m².

➢ Un triángulo tiene sus vértices en los puntos $A = (2, 0)$, $B = (6, 4)$ y $C = (-2, 8)$, estando los datos expresados en _____. Calcula la longitud de sus lados. ¿Qué tipo de triángulo es? ¿Por qué? ¿Cuánto mide su perímetro? Halla las coordenadas del _____ y determina la ecuación general de la _____ correspondiente al vértice A. ¿Qué observas en esta ecuación? ¿A qué se debe?

En primer lugar, representamos los vértices en un sistema de coordenadas cartesianas y los unimos con segmentos rectos, para mostrar el triángulo como se ve en el dibujo (haz el dibujo).

_____

Ahora, para calcular la longitud de los lados, determinamos los vectores $\overrightarrow{AB}$, $\overrightarrow{BC}$ y $\overrightarrow{AC}$, y hallamos sus respectivos módulos:

_____

_____

_____

Así pues, es un triángulo _____, porque tiene _____.

Para determinar el perímetro, tenemos que _____ las longitudes de _____:

_____

A continuación, hallamos las coordenadas del baricentro, H, para lo cual hay que calcular _____ de las coordenadas de los vértices:

$$H = \frac{A + B + C}{3} = \text{_____}$$

Por último, determinamos la ecuación general de la mediana correspondiente al vértice A, que es la recta que pasa por A y por H. Utilizando la ecuación de la recta que pasa por dos puntos y transformándola en la ecuación general, resulta:

_____

Se observa que la ecuación general no tiene _____, lo cual es debido a que se trata de una recta _____.

Solución: los lados del triángulo miden aproximadamente _____, _____ y _____, por lo que se trata de un triángulo _____, ya que

_____ tienen _____. Su perímetro mide _____. El baricentro está situado en el punto de coordenadas _____, y la ecuación general de la mediana correspondiente al vértice A es _____. Esta ecuación no tiene _____, porque se corresponde con una recta _____.

➢ Matías y Sara tienen un dado en cuyas caras aparecen los números _____, _____, _____, _____, _____ y _____. Lo lanza una vez cada uno y multiplican las dos puntuaciones obtenidas. Si el resultado es negativo, gana Matías; si es positivo, gana Sara. ¿Es un juego equitativo? ¿Por qué?

Para comprobar si es un juego _____ hay que calcular la probabilidad que tiene cada uno de ganar. Si estas dos probabilidades son iguales, el juego es _____; si no, no lo es. Ahora bien, para hallar las probabilidades mencionadas, en primer lugar vamos a escribir el espacio _____, para lo cual nos ayudamos de la siguiente tabla de doble entrada, en la que escribimos los posibles resultados del lanzamiento de cada dado y el valor del producto de las dos puntuaciones obtenidas.

	−3	−2	−1	+1	+2	+3
−3						
−2						
−1						
+1						
+2						
+3						

Como se puede ver, hay un total de _____ resultados, de los que _____ son positivos y _____ negativos, así que sus probabilidades son:

_____

_____

Solución: _____ es un juego equitativo, porque la probabilidad que tiene Matías de ganar y la que tiene Sara son _____.

➤ Para conseguir un pleno al 15 en una quiniela hay que acertar los 15 resultados de los partidos de fútbol correspondientes, marcando los símbolos «1», «X» y «2». El «1» significa que gana el equipo que juega en casa; la «X», que se produce un empate, y el «2», que gana el equipo visitante. ¿Cuántas quinielas distintas se pueden rellenar? ¿Cuál es la probabilidad de conseguir un pleno al 15?

Imaginemos que vamos rellenando, uno a uno, los partidos de fútbol presentes en la quiniela.

Para el primer partido, podemos colocar cualquiera de los _____ símbolos: «1», «X» y «2».

Del mismo modo, para el segundo partido hay _____ posibilidades. Por tanto, aplicando el principio _____, podemos asegurar que hay _____ maneras distintas de rellenar los resultados de los dos primeros partidos, porque _____.

Generalizando este razonamiento, como hay _____ posibilidades para cada uno de los _____ partidos, resulta que el número de quinielas distintas que se pueden rellenar viene dado por la potencia _____, cuyo valor es _____.

Por último, para calcular la probabilidad de conseguir un pleno al 15, hay que tener en cuenta que hay un solo resultado favorable, frente a _____ posibles, por lo que, aplicando la regla _____, resulta:

_____

(Expresando el resultado con 13 decimales, sin usar la notación científica)

Solución: se pueden rellenar _____ quinielas distintas. La probabilidad de conseguir un pleno al 15 es, aproximadamente, _____.

PARA RESOLVER EL PROBLEMA PASO A PASO Y COMPROBAR LA SOLUCIÓN

18. Resuelve los siguientes problemas siguiendo los pasos indicados.

➤ En un ensayo clínico para probar la eficacia de dos tratamientos antibacterianos, un grupo de pacientes recibió el fármaco A, y otro grupo, el fármaco B. Los pacientes que tomaron el fármaco A redujeron, cada día, la presencia de la bacteria a la quinta parte, y los que tomaron el fármaco B, a la mitad. Al inicio del ensayo, cada paciente estaba infectado por 50 millones de individuos bacterianos y, al cabo de varios días, los pacientes tratados con el fármaco B tenían 390 625 de estas bacterias en su organismo. ¿Cuántas de estas bacterias tenían en ese momento los pacientes que tomaron el fármaco A?

1. Denotamos por x el número de días transcurridos desde que se inició el ensayo. ¿Cómo se expresa, en función de la letra x, la cantidad de estas bacterias que cada día tenían los pacientes tratados con el fármaco A?

2. ¿Y las que tenían los pacientes que tomaron el fármaco B?

3. Teniendo en cuenta la respuesta a la cuestión anterior, ¿qué ecuación hay que plantear para determinar los días que pasaron hasta que los pacientes tratados con el fármaco B llegaron a tener 390 625 de estas bacterias en su organismo?

4. Resuelve la ecuación, paso a paso.

5. ¿Qué significa la solución de esta ecuación?

6. Observa las respuestas a las cuestiones 1 y 5. ¿Qué hay que hacer para calcular el número de bacterias que tenían en ese momento los pacientes tratados con el fármaco A?

7. Lleva a cabo la acción indicada en la respuesta a la cuestión anterior.

8. ¿Qué tipo de número se ha obtenido? ¿Tiene sentido una solución al problema expresada mediante este tipo de número? ¿Y si se hubiera obtenido otro tipo de número como solución? Argumenta la respuesta.

9. Responde a la pregunta.

➢ Una entidad bancaria ofrece un depósito con un interés del 1,65 % anual durante un periodo de 10 meses. Sin embargo, si el cliente que lo contrate lo cancela antes del vencimiento, el banco le cobrará una penalización del 0,25 % anual sobre el capital depositado, por el periodo que medie entre la fecha de la cancelación anticipada y la del vencimiento. ¿Cuántos días, como mínimo, hay que mantener el depósito para no perder dinero al cancelarlo anticipadamente?

1. Escribe la fórmula que permite calcular el interés generado en un día por un capital C, colocado a un r % anual. Argumenta la respuesta. Ten en cuenta que, a estos efectos, se considera que un año tiene 360 días, en lugar de 365.

2. Representamos por x el número de días transcurridos desde que se contrata el depósito hasta que se cancela anticipadamente. ¿Cómo se puede expresar el interés generado por el depósito, en función de la letra x? Razona la respuesta.

3. ¿Cómo se expresa, en función de la letra x, el número de días que hay entre la cancelación anticipada y el vencimiento acordado? Ten en cuenta que, a estos efectos, se considera que un mes tiene 30 días.

4. Teniendo en cuenta la respuesta a la cuestión 1, ¿cómo se expresa la penalización que aplica el banco cada día?

5. Considerando las respuestas a las dos últimas cuestiones, expresa, en función de x, la penalización total que aplica el banco por cancelar el depósito anticipadamente. Justifica la respuesta.

6. Observa las respuestas a las cuestiones 2 y 5. ¿Qué relación debe haber entre ambas para que el cliente que cancele el depósito anticipadamente no pierda dinero? ¿En qué inecuación se traduce esta relación?

7. Resuelve la inecuación.

8. ¿Qué tipo de número debe ser la solución del problema? ¿Por qué?

9. Entonces, ¿de qué número se trata? ¿Por qué?

10. Contesta a la pregunta planteada en el enunciado.

➤ Carmen trabaja en una tienda de moda y complementos. Tiene un sueldo fijo de 756 € mensuales, más un incentivo de 12 € por cada ocho artículos que venda. Sin embargo, la empresa le exige una venta mínima de 100 artículos cada mes, los cuales no tienen incentivo. ¿Cuál es el mínimo y cuál es el máximo de artículos que Carmen debe vender en un mes para ganar 1200 €?

1. Denotamos por x la cantidad de artículos que Carmen vende en un mes. ¿Cómo se puede expresar el número de artículos que tienen incentivo, considerando que los 100 primeros no lo tienen?

2. Usa la *parte entera de un número* para expresar la cantidad de incentivos de 12 € que Carmen recibe por la venta de x artículos en un mes, teniendo en cuenta la respuesta a la cuestión anterior y el hecho de que Carmen recibe un incentivo por cada ocho artículos que venda, a partir de 100, que es el mínimo que le pide la empresa.

3. Entonces, ¿cómo se puede expresar la cantidad que Carmen recibe como incentivo por las ventas realizadas en un mes, en función de la letra x?

4. ¿Y los ingresos mensuales totales de Carmen?

5. En consecuencia, ¿qué ecuación resulta al imponer la condición de que los ingresos de Carmen sean de 1200 € en un mes?

6. Aísla la *parte entera* en la ecuación anterior y realiza las operaciones correspondientes en el otro miembro.

7. ¿Qué tiene que suceder con la expresión que se encuentra «dentro» de la *parte entera* para que se cumpla la igualdad obtenida en la cuestión anterior?

8. Entonces, ¿qué sistema de inecuaciones se obtiene a partir de las respuestas a las dos últimas cuestiones?

9. Resuelve paso a paso el sistema de inecuaciones.

10. Observa el resultado obtenido en la cuestión anterior. ¿Cuál es el número máximo de artículos que Carmen debe vender para que su sueldo sea de 1200 €? Argumenta la respuesta.

11. Responde a la pregunta formulada en el enunciado.

12. ¿Tendría sentido que alguno de los resultados obtenidos fuera un número decimal? ¿Por qué?

➤ El problema anterior se ha resuelto utilizando una incógnita, la *parte entera* de una expresión algebraica, una ecuación y un sistema de inecuaciones. Sin embargo, es posible llegar a la solución utilizando un procedimiento distinto. Sigue los pasos indicados para resolverlo de este otro modo.

1. Si Carmen gana 1200 € en un mes, ¿qué cantidad se corresponde con los incentivos, teniendo en cuenta que cobra una parte fija de 756 € mensuales?

2. Entonces, ¿cuántos incentivos de 12 € cobra Carmen ese mes? ¿Por qué?

3. Vamos a llamar «artículos extras» a los que excedan de los 100 que Carmen debe vender en un mes, como mínimo. Como Carmen recibe un incentivo de 12 € por cada ocho artículos extras que venda, es posible hallar el número mínimo de artículos extras que Carmen debe vender para conseguir la cantidad de incentivos obtenida en la cuestión anterior. Indica qué operación hay que realizar para ello y efectúala.

4. En consecuencia, ¿cuál es el número mínimo de artículos que Carmen debe vender en un mes para ganar 1200 €, contando también los 100 primeros, que no tienen incentivo?

5. ¿Y el máximo? Argumenta la respuesta.

6. Contesta nuevamente a la pregunta formulada en el enunciado.

➤ El perímetro de un triángulo rectángulo es igual a 72 cm, y la hipotenusa mide 6 cm más que uno de los catetos. ¿Cuál es la longitud de los lados del triángulo?

   1. Representamos el cateto aludido en el enunciado por la letra x. Con esta notación, ¿cómo se expresa la hipotenusa?

   2. Denotamos el otro cateto por la letra y. Dibuja el triángulo rectángulo y escribe la expresión correspondiente a cada lado.

   3. ¿Qué ecuación se puede construir teniendo en cuenta el dato relativo al perímetro?

   4. Simplifica esta ecuación, trasponiendo y agrupando términos semejantes.

   5. Por otro lado, ¿qué teorema se puede utilizar para relacionar los tres lados del triángulo?

   6. ¿Qué ecuación se puede obtener aplicando este teorema?

   7. Realiza las operaciones oportunas para simplificar la ecuación y dejar todas las incógnitas en el primer miembro.

   8. Resuelve el sistema que resulta al considerar las dos ecuaciones de manera conjunta.

   9. ¿Son válidas todas las soluciones del sistema o hay que descartar alguna? ¿Por qué?

   10. Calcula el dato que falta para poder contestar a la pregunta.

   11. Responde a la pregunta formulada en el enunciado.

➤ Las dos cifras de un número suman 5. Además, la diferencia entre este número y el que resulta al invertir sus cifras es igual a 27. ¿De qué número se trata?

   1. Representamos por x la primera cifra del número, y por y, la segunda. Entonces, ¿qué ecuación se puede construir a partir del primer dato aportado en el enunciado?

   2. Con esta notación, ¿cómo se expresa la cantidad de decenas que tiene el número buscado? ¿Por qué?

   3. ¿Y la cantidad de unidades? ¿Por qué?

   4. Entonces, ¿cómo se puede expresar el número que se quiere hallar en función de x e y?

5. ¿Qué relación hay entre las cifras de las decenas y las unidades del número buscado y las correspondientes al número que resulta al invertir sus cifras?

6. Entonces, ¿cómo se puede expresar la cantidad de decenas del número que resulta al invertir las cifras del número buscado?

7. ¿Y la cantidad de unidades?

8. En consecuencia, ¿cómo se puede expresar el número que tiene las cifras invertidas, en función de x e y?

9. Según el enunciado, la diferencia entre el número buscado y el que resulta al invertir sus cifras es igual a 27. Teniendo en cuenta las respuestas a las cuestiones 4 y 8, ¿qué ecuación puede utilizarse para describir esta relación?

10. Simplifica esta ecuación, agrupando los términos semejantes y dividiendo posteriormente cada término por el máximo común divisor de los coeficientes.

11. Plantea y resuelve el sistema que resulta al considerar las dos ecuaciones obtenidas de manera conjunta.

12. Teniendo en cuenta el significado de las letras x e y, ¿cuál sería el número buscado?

13. Comprueba que este número cumple las condiciones exigidas.

14. Responde a la pregunta planteada en el enunciado.

➢ Desde un punto P, situado a 7 cm de una circunferencia de centro O y radio $R = 3$ cm, se traza una recta tangente a la circunferencia en el punto T. Calcula la superficie lateral y el volumen del cono que genera el segmento PT al girar alrededor del segmento OP.

1. Realiza un dibujo que muestre la situación, incluyendo todos los datos del enunciado, y traza la recta OP. Señala ángulo $\widehat{OPT}$ en el dibujo y escribe la letra α a su lado. Traza la altura correspondiente al vértice T, en el triángulo OTP, y coloca la letra y junto a ella.

2. ¿Cuánto mide el segmento OT? ¿Por qué?

3. ¿Cuánto mide el ángulo $\widehat{OTP}$? Justifica la respuesta.

4. ¿Cuál es la longitud del segmento OP? ¿Por qué?

5. Denotamos por x la longitud del segmento PT. Teniendo en cuenta las respuestas a las cuestiones 2, 3 y 4, ¿qué teorema se puede utilizar para hallar el valor de x?

6. Aplica este teorema y calcula paso a paso el valor de x.

7. Calcula razonadamente el ángulo α, teniendo en cuenta el dibujo y las respuestas a las cuestiones 2, 3 y 6.

8. Determina razonadamente el valor de la letra y, teniendo en cuenta el dibujo y las respuestas a las dos cuestiones anteriores.

9. Ahora disponemos de todos los datos necesarios para hallar la superficie lateral del cono. ¿Qué fórmula se puede utilizar?

10. Identifica cada dato de la fórmula con los resultados obtenidos, sustitúyelos y efectúa los cálculos correspondientes.

11. Denotamos la altura del cono con la letra h. Calcula razonadamente esta altura, teniendo en cuenta el dibujo y los valores hallados de y y α.

12. ¿Cuál es la fórmula que permite calcular el volumen del cono?

13. Identifica cada dato de la fórmula con los resultados obtenidos, aplícala y realiza las operaciones oportunas.

14. Responde a las preguntas planteadas en el enunciado.

15. ¿Tendría sentido que los resultados fueran números exactos? Razona la respuesta.

➤ Desde un balcón, situado a una altura de 12 m, se ve el punto más cercano del borde de una fuente circular bajo un ángulo de depresión de 30°, y el más alejado, bajo un ángulo de depresión de 25°. ¿Cuál es la superficie de la fuente?

1. Realiza un dibujo que muestre la situación, incluyendo los datos del enunciado. Denota con la letra x el diámetro de la fuente, y con la letra y, la distancia de la fuente a la pared en la que está el balcón. Coloca estas letras en los lugares adecuados del dibujo. Observa el triángulo rectángulo cuyos catetos son la pared donde está el balcón y el segmento horizontal que va desde la base de la pared hasta el punto más cercano del borde de la fuente. ¿Es posible determinar los ángulos agudos de este triángulo rectángulo con los datos del enunciado? En caso afirmativo, hállalos de manera razonada y escríbelos en el dibujo; en caso negativo, indica qué dato se necesita conocer y calcúlalo.

2. ¿Qué ángulo forma con la horizontal el segmento que une el balcón con el punto más alejado del borde de la fuente? Argumenta la respuesta.

3. Calcula razonadamente el valor de la letra y, aplicando la definición de la razón trigonométrica adecuada y teniendo en cuenta los datos recogidos en el dibujo.

4. Halla el valor de la letra x, aplicando la misma definición y teniendo en cuenta el dibujo y las respuestas a las dos últimas cuestiones.

5. ¿Qué fórmula se debe utilizar para calcular la superficie de la fuente?

6. Calcula el dato que falta para poder aplicar esta fórmula.

7. Sustituye el valor obtenido en la fórmula y realiza las operaciones oportunas.

8. Contesta a la pregunta planteada en el enunciado.

➢ Una empresa de actividades de aventura ha instalado una grúa para que sus clientes practiquen *jumping*. Nacho, que es muy curioso y dispone de un teodolito casero muy preciso, quiere comprobar si la altura del salto es realmente de 150 m, como afirma la publicidad de la empresa. Para ello, coloca su teodolito en el suelo, a cierta distancia de la grúa, para no levantar sospechas, y observa el ángulo que forma la visual del punto de salto con la horizontal, siendo este de 72°. A continuación, se aleja de la grúa 20 m y vuelve a observar el ángulo, siendo en ese lugar de 65°. ¿Tiene Nacho razones para afirmar que la publicidad de la empresa es falsa?

1. Realiza un dibujo que muestre la situación, incluyendo los datos conocidos. Llama *h* a la altura del salto, y *x* a la distancia entre la base de la grúa y el primer punto de observación del ángulo. Escribe estas letras en los lugares correspondientes del dibujo.

2. Observa el dibujo y utiliza la definición de la razón trigonométrica adecuada para relacionar el ángulo de 72° con las letras *h* y *x*. Argumenta la respuesta.

3. De manera análoga, relaciona las letras *h* y *x* con el ángulo de 65° y el segmento recto de 20 m de longitud.

4. Plantea y resuelve el sistema de ecuaciones que se forma al considerar las dos igualdades anteriores de manera conjunta.

5. ¿Cuál es la diferencia entre la altura del salto que publicita la empresa y la calculada por Nacho? ¿Qué error relativo corresponde a esta diferencia? ¿Qué porcentaje de error supone?

6. ¿Es un porcentaje de error lo suficientemente pequeño como para afirmar que la publicidad es cierta, o es demasiado elevado y, en consecuencia, la publicidad es falsa?

7. Responde a la pregunta planteada en el enunciado, teniendo en cuenta la conclusión anterior.

➢ El tapete de una mesa de billar rectangular tiene unas dimensiones de 100 cm × 180 cm, y el punto desde el que inicialmente se lanza la bola blanca está situado a 30 cm del lado menor. Un jugador lanza la bola blanca desde el mencionado punto sobre la bola negra y esta se cuela en la tronera del fondo, a la izquierda del jugador. La bola blanca sale rebotada tras su colisión con la negra, en una dirección que forma un ángulo de 105° con la trayectoria seguida por la bola negra, con tan mala fortuna para el jugador que va a parar a la tronera del fondo, a la derecha, formando un ángulo de 30° con el lado menor del tapete. Halla la distancia a la que se encontraban las dos bolas antes del lanzamiento.

1. Realiza un dibujo que muestre el tapete de la mesa de billar en posición vertical, con el punto de lanzamiento de la bola blanca, denotado por *B*, en las proximidades del lado inferior y centrado respecto a los lados verticales. Señala un punto *N* en la zona superior izquierda del tapete, correspondiente a la posición de la bola negra. Traza los segmentos rectos que describen las trayectorias seguidas por las bolas y coloca los datos del enunciado en los lugares adecuados. Llama *D* al punto donde se encuentra la tronera del fondo a la derecha, e *I* al correspondiente a la de la izquierda. En el triángulo *NID*, traza la altura correspondiente al vértice *N* y representa con la letra *P* el punto de intersección de esta altura con el lado *ID*. Llama *x* a la longitud del segmento *IP* y escribe esta letra en un lugar adecuado. Traza un segmento horizontal con extremo en el punto *N* y otro vertical con extremo en el punto *B*, de manera que los dos segmentos tengan como segundo extremo el punto *Q*, que es el punto de intersección de ambos segmentos. Calcula razonadamente la medida del ángulo $\widehat{NID}$, teniendo en cuenta la amplitud de los ángulos representados en el dibujo. Escribe el valor obtenido junto al ángulo.

2. ¿Cómo se puede expresar la longitud del segmento *PD*, en función de *x*? ¿Por qué?

3. ¿Y la del segmento *NP*? Ten en cuenta el valor de los ángulos del triángulo *NIP*. Justifica la respuesta.

4. Utiliza la definición de la razón trigonométrica adecuada, en el triángulo *NPD*, para relacionar el ángulo de 30° con la letra *x*, teniendo en cuenta las respuestas a las dos últimas cuestiones.

5. Se ha obtenido una ecuación cuya incógnita es la letra *x*. Sustituye la razón trigonométrica de 30° por su valor exacto, resuelve la ecuación y redondea el resultado a las décimas.

6. Determina razonadamente la longitud del segmento *BQ*, teniendo en cuenta la distancia de *Q* al lado superior del tapete, la distancia de *B* al inferior y la medida del largo de la zona de juego de la mesa de billar.

7. Calcula la longitud del segmento *NQ*. Argumenta la respuesta.

8. Halla, paso a paso, la longitud del segmento *BN*, teniendo en cuenta las respuestas a las dos últimas cuestiones y aplicando el teorema adecuado.

9. Responde a la pregunta formulada en el enunciado.

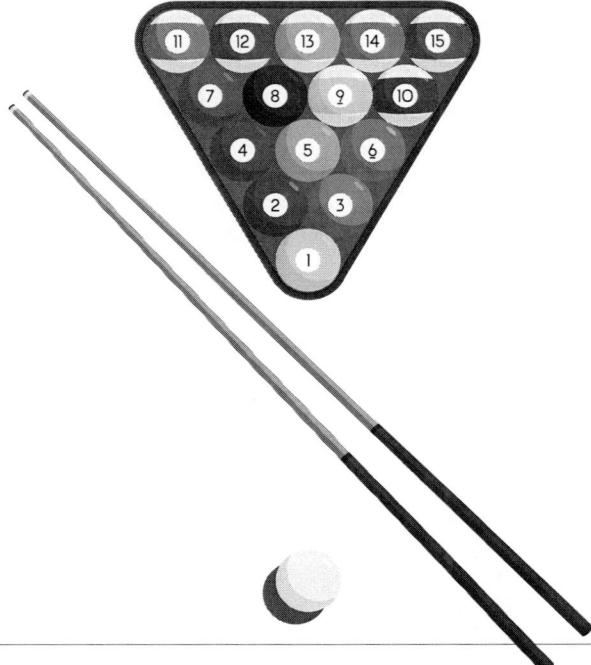

> La trayectoria descrita por un proyectil, lanzado a ras del suelo, viene dada por la siguiente función:

$$f(x) = xtg\alpha - \frac{gx^2}{2v_0^2 \cos^2 \alpha}$$

En esta expresión, α es el ángulo de inclinación con respecto al suelo con el que sale disparado el proyectil, g es la aceleración de la gravedad (aproximadamente, 9,8 m/s²) y v_0 es la velocidad inicial con la que el proyectil sale del cañón.

Si se dispara el proyectil con un ángulo de inclinación de 30°, ¿cuál debe ser la velocidad inicial para que impacte a 3500 m?

1. Observa la función que describe la trayectoria del proyectil. ¿De qué tipo es?

2. ¿Qué signo tiene el coeficiente principal?

3. Entonces, ¿qué forma tiene la trayectoria que sigue el proyectil?

4. Si fijamos el origen de coordenadas en el punto desde el que se lanza el proyectil, ¿cuáles deben ser las coordenadas del punto de impacto, para que este se encuentre a 3500 m?

5. ¿Qué ecuación resulta al sustituir los datos del enunciado y los obtenidos en la cuestión anterior en la expresión de la función? ¿Cuál es la incógnita de esta ecuación?

6. Resuelve la ecuación, indicando los pasos que se van dando.

7. Responde a la pregunta planteada en el enunciado.

➢ El gasto mensual del mantenimiento de una residencia universitaria viene dado por una cantidad fija de 23 000 €, más 136 € por cada estudiante que se aloje. Cada residente tiene que abonar una mensualidad de 420 €. ¿Cuántos estudiantes deben alojarse al mes en esta residencia para que sus beneficios sean del 20 % de los ingresos? ¿A cuánto ascienden estos beneficios?

1. Llamamos $f(x)$ a la función que permite indicar los ingresos mensuales de la residencia universitaria, dependiendo del número de estudiantes alojados. ¿Cuál es la expresión algebraica de esta función?

2. ¿Qué porcentaje de los ingresos de la residencia debe destinarse a cubrir gastos, si se pretenden conseguir los beneficios indicados en el enunciado? ¿Por qué?

3. Entonces, ¿cómo se pueden expresar los gastos mensuales de la residencia, utilizando la función $f(x)$? Argumenta la respuesta y realiza las operaciones adecuadas.

4. Por otro lado, llamamos $g(x)$ a la función que permite indicar los gastos mensuales de la residencia, dependiendo de la cantidad de estudiantes que la ocupen. Determina la expresión algebraica de la función $g(x)$, teniendo en cuenta los datos del enunciado.

5. Observa las respuestas a las dos cuestiones anteriores. ¿Qué relación debe haber entre ellas? ¿Por qué?

6. Entonces, ¿qué ecuación se tiene que cumplir?

7. Resuelve la ecuación.

8. ¿Es un resultado coherente? ¿Por qué?

9. Determina razonadamente los beneficios mensuales obtenidos por la residencia universitaria.

10. Contesta a las preguntas formuladas en el enunciado.

➢ La rentabilidad, en euros, que genera diariamente un fondo de inversión con un capital de x miles de euros viene dada por la siguiente función:

$$f(x) = -\frac{3}{200}x^2 + \frac{6}{5}x$$

a) ¿Qué rentabilidad diaria se obtiene al invertir 18 000 € en este fondo?

b) ¿Qué cantidad hay que invertir en este fondo para conseguir la máxima rentabilidad diaria? ¿A cuánto asciende esta rentabilidad diaria?

c) ¿Cuál es la máxima cantidad que se puede invertir en este fondo para no perder dinero?

1. ¿Cuál es el valor que hay que asignar a la variable independiente x, si se invierten 18 000 € en este fondo? Argumenta la respuesta.

2. Entonces, ¿qué hay que hacer para hallar la rentabilidad diaria que se obtiene al invertir 18 000 € en este fondo?

3. Calcula la rentabilidad pedida en el apartado *a)* y responde a la pregunta planteada.

4. Ahora que está resuelto el primer apartado, se puede pasar al segundo. ¿Qué tipo de función es la que expresa la rentabilidad diaria del fondo de inversión?

5. ¿Cuál es el signo del coeficiente principal?

6. Entonces, ¿qué forma tiene la gráfica de la función?

7. En consecuencia, ¿cómo se puede hallar el máximo de la función?

8. Calcula el valor de la variable independiente x para el que la función toma el máximo valor posible, teniendo en cuenta las respuestas anteriores y aplicando la fórmula adecuada.

9. ¿Con qué inversión se corresponde el valor obtenido? ¿Por qué?

10. ¿Cómo se puede obtener la rentabilidad diaria correspondiente a esta inversión?

11. Calcúlala.

12. Responde a las preguntas formuladas en el apartado *b)*.

13. Una vez resuelto el apartado *b)*, se aborda el *c)*. ¿Qué tiene que ocurrir para que no se pierda dinero al invertir en este fondo?

14. Entonces, ¿qué inecuación se puede plantear para resolver este apartado?

15. ¿Qué tipo de inecuación es?

16. Resuélvela, indicando los pasos que se van dando.

17. En consecuencia, ¿cuál es el máximo valor que puede tomar la variable independiente x para que no se pierda dinero al invertir en el fondo? ¿Con qué inversión se corresponde este valor de x?

18. Responde a la pregunta formulada en el apartado *c)*.

19. Observa la respuesta a la cuestión 8 y la correspondiente a la primera pregunta de la cuestión 17. ¿Qué relación hay entre ambas cantidades?

20. ¿Esta relación es casual o hay alguna razón para que sea así? Ten en cuenta que, como es lógico, la rentabilidad del fondo es nula cuando no se invierte ningún capital, es decir, la gráfica de $f(x)$ pasa por el origen de coordenadas.

➢ Ruth quiere colocar en su salón un ventanal rectangular de la mayor superficie posible, para que sea lo más luminoso que se pueda. Para ello, dispone de 739 €. Un instalador le ha dado la lista de precios que aparece en la nota. ¿Qué dimensiones tendrá el ventanal?

> ### LISTA DE PRECIOS
>
> Marco horizontal del ventanal: 27,50 € cada metro lineal
>
> Marco vertical del ventanal: 40 € cada metro lineal
>
> Hojas y cristales del ventanal: 475 €

1. Realiza un dibujo que muestre el ventanal, representando su anchura por la letra x y su altura por la letra y.

2. ¿Cómo se puede expresar la superficie del ventanal, empleando estas dos letras?

3. Así pues, el problema consiste en calcular el valor máximo de la expresión anterior. Sin embargo, en esta expresión aparecen dos variables, por lo que es necesario relacionarlas mediante una igualdad, para obtener una función con una sola variable. Para ello, en primer lugar, calcula la cantidad que Ruth se puede gastar en el marco del ventanal, teniendo en cuenta el dinero del que dispone y el coste de las hojas y los cristales.

4. Expresa el coste del marco horizontal del ventanal en función de la letra x. Argumenta la respuesta.

5. Del mismo modo, expresa el coste del marco vertical, en función de la letra y.

6. Entonces, ¿cómo se puede expresar el coste total del marco del ventanal, en función de estas dos letras?

7. Observa las respuestas a las cuestiones 3 y 6. ¿Qué relación debe haber entre ellas? ¿Por qué?

8. Expresa la letra y en función de la letra x, teniendo en cuenta la respuesta a la cuestión anterior.

9. Sustituye esta expresión de y en la fórmula obtenida en la cuestión 2, realiza las operaciones correspondientes y escribe el resultado como un polinomio ordenado.

10. La respuesta a la cuestión anterior permite observar que se ha expresado la superficie del ventanal como una función de una sola variable: la anchura del ventanal. ¿Qué tipo de función es?

11. ¿Qué signo tiene su coeficiente principal?

12. Entonces, ¿qué forma tiene su gráfica?

13. En consecuencia, ¿cómo se puede determinar el máximo de la función?

14. Halla el punto en el que la función alcanza su máximo valor, teniendo en cuenta las respuestas anteriores y aplicando la fórmula adecuada.

15. ¿Con qué se corresponde el valor obtenido?

16. Calcula el valor de la otra letra, teniendo en cuenta las respuestas a las cuestiones 8 y 14.

17. ¿Con qué se corresponde este resultado?

18. Responde a la pregunta formulada en el enunciado.

19. ¿Sería razonable que el valor de la letra x fuera menor que el de la letra y? ¿Por qué?

20. ¿Sería razonable que las letras x e y tuvieran el mismo valor? Razona la respuesta.

> ➤ ¿De cuántas maneras se pueden colocar dos torres (de distinto color) en un tablero de ajedrez, cada una en una casilla, de modo que no se puedan capturar entre sí?

1. Dibuja un tablero de ajedrez.

2. Imagina que primero se coloca una torre en una casilla del tablero y luego la otra. ¿En cuántos lugares se puede poner la primera torre? ¿Por qué?

3. Dibuja una torre en una casilla cualquiera del tablero de ajedrez, para representar la primera torre ya colocada. Señala con una «X» cada una de las casillas en las que se podría colocar la otra torre, de manera que se pudieran capturar entre sí. Ten en cuenta que en el ajedrez las torres se pueden mover en horizontal o en vertical, tantas casillas vacías como se quiera, y que para capturar una pieza hay que colocar la que captura en la misma casilla que ocupaba la capturada, la cual se retira del tablero.

4. ¿Cuántas casillas del tablero de ajedrez han quedado vacías?

5. Entonces, ¿en cuántas casillas se podría colocar la segunda torre, de manera que no se pudieran capturar mutuamente?

6. ¿Es un resultado general o depende de dónde se coloque la primera torre? Argumenta la respuesta.

7. Teniendo en cuenta la forma en que se colocan las dos torres, primero una y luego la otra, ¿qué principio hay que utilizar para averiguar de cuántas maneras se pueden colocar las dos torres, de modo que no se puedan capturar mutuamente?

8. Calcula el dato pedido, teniendo en cuenta las respuestas a las cuestiones 2, 5, 6 y 7.

9. Responde a la pregunta planteada en el enunciado.

➤ Rosa tiene un dado trucado, de manera que la probabilidad de cada cara es directamente proporcional al número que aparece en ella. ¿Cuál es la probabilidad de obtener un número impar al lanzar el dado de Rosa? ¿Y la de obtener un número mayor de 2?

1. Llamamos k a la constante de proporcionalidad. Expresa la probabilidad de obtener un 6 al lanzar el dado de Rosa, $P(6)$, en función de la letra k. Argumenta la respuesta.

2. De manera análoga, expresa las probabilidades $P(1)$, $P(2)$, $P(3)$, $P(4)$ y $P(5)$, en función de la letra k.

3. Teniendo en cuenta las propiedades de la probabilidad, ¿cuánto debe valer la suma de las probabilidades anteriores? Justifica la respuesta.

4. Entonces, ¿qué ecuación se puede plantear para calcular el valor de k?

5. Resuelve la ecuación, expresando el resultado en forma de fracción.

6. Sustituye el valor de k en las expresiones obtenidas en las cuestiones 1 y 2, y realiza las operaciones necesarias. Deja los resultados en forma de fracción, sin simplificar.

7. Consideramos el suceso A = {Al lanzar el dado de Rosa, se obtiene un número impar}. Escribe el suceso A mediante la lista de los sucesos elementales que lo componen.

8. Calcula la probabilidad del suceso A, teniendo en cuenta las respuestas a las dos cuestiones anteriores.

9. Consideramos ahora el suceso B = {Al lanzar el dado de Rosa, se obtiene un número mayor de 2}. Escribe el suceso B como la lista de los sucesos elementales que lo forman y calcula su probabilidad.

10. Responde a las dos preguntas formuladas en el enunciado.

11. ¿Se ha calculado algún dato que no se haya utilizado? ¿Cuál?

➤ Soraya introduce, al azar, cinco bolas de distinto color en tres cajas. ¿Cuál es la probabilidad de que la primera caja se quede vacía?

1. Vamos a resolver el problema usando la regla de Laplace. ¿Qué establece esta regla?

2. En primer lugar, calcularemos el número de casos posibles, que suele ser la parte más sencilla. Imagina que Soraya toma la primera bola. ¿En cuántas cajas puede introducirla?

3. Una vez que Soraya haya introducido la primera bola, toma la segunda. ¿En cuantas cajas puede introducirla?

4. Entonces, ¿de cuántas maneras puede Soraya distribuir las dos primeras bolas en las tres cajas? ¿Por qué? ¿Qué principio se utiliza?

5. ¿En cuántas cajas puede introducir Soraya cada una de las tres bolas restantes?

6. En consecuencia, ¿de cuántas maneras puede Soraya distribuir las cinco bolas en las tres cajas? Para responder a esta pregunta, generaliza el razonamiento usado en la cuestión 4.

7. Ahora, calcularemos el número de casos favorables al suceso A = {La primera caja se queda vacía}. Para ello, razonaremos de manera análoga. Imagina que Soraya toma la primera bola. ¿En cuántas cajas puede introducirla, de manera que la primera caja quede vacía?

8. Una vez que Soraya haya introducido la primera bola, dejando la primera caja vacía, ¿en cuántas cajas puede introducir la segunda bola, de modo que la primera caja siga quedando vacía?

9. Entonces, ¿de cuántas maneras puede Soraya distribuir las dos primeras bolas en las tres cajas, de forma que la primera quede vacía? Argumenta la respuesta.

10. Generaliza el razonamiento anterior y determina de cuántas maneras puede Soraya colocar las cinco bolas en las tres cajas, de modo que la primera caja quede vacía.

11. Calcula la probabilidad del suceso A, teniendo en cuenta las respuestas a las cuestiones 1, 6 y 10.

12. Contesta a la pregunta planteada en el enunciado.

➤ Olga lanza un dardo sobre una diana rectangular de 40 cm de ancho y 25 cm de alto. Llamamos C al punto donde impacta el dardo, A al vértice inferior izquierdo de la diana, y B al vértice inferior derecho. ¿Cuál es la probabilidad de que el área del triángulo ABC sea mayor de 150 cm^2?

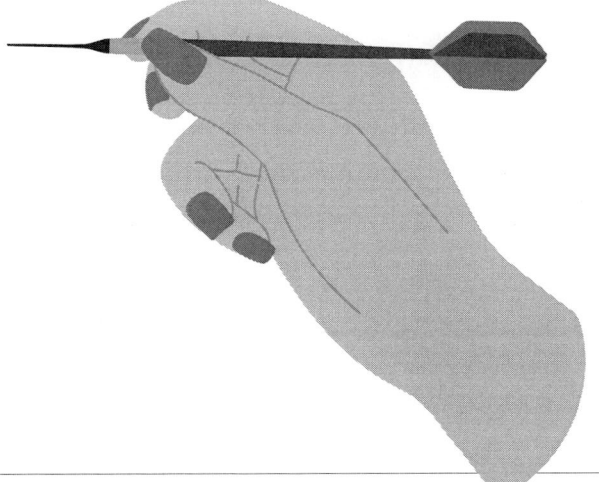

1. Haz un dibujo que representela diana, incluyendo los datos del enunciado, y señala el punto de impacto del dardo en un lugar cualquiera de la diana. Dibuja el triángulo *ABC*. Denota la altura del triángulo *ABC* correspondiente al vértice *C* con la letra *h*, y represéntala en el dibujo.

2. Expresa la superficie del triángulo *ABC* en función de la letra *h*. Simplifica el resultado.

3. ¿Qué condición debe cumplir la expresión obtenida para que ocurra el suceso cuya probabilidad hay que calcular?

4. Entonces, ¿qué inecuación se puede plantear?

5. Resuelve la inecuación.

6. Dibuja de nuevo la diana y sombrea la zona en la que debe impactar el dardo para que se cumpla lo anterior.

7. Calcula la superficie de la zona sombreada, indicando los pasos que se van dando.

8. Calcula la superficie de la diana.

9. ¿Qué operación hay que hacer con los datos obtenidos en las dos cuestiones anteriores para calcular la probabilidad que se pide? ¿Qué regla o principio se utiliza? Explícalo.

10. Calcula la probabilidad pedida.

11. Responde a la pregunta formulada en el enunciado.

RESOLUCIÓN DE LOS PROBLEMAS

PARA ENTENDER EL PROBLEMA

1. Lee los siguientes enunciados y señala la opción correcta en cada caso. Justifica las respuestas.

> ➤ Borja ha dibujado un cuadrado y Consuelo ha construido otro, haciendo que un lado coincida con una diagonal del de Borja. ¿Cuál es el resultado de dividir el área del cuadrado trazado por Consuelo entre el área del cuadrado dibujado por Borja?

⬜ No puedo responder a la pregunta porque faltan datos.

⬜ No puedo responder a la pregunta porque hay datos absurdos o sin sentido.

⬜ Sí puedo responder a la pregunta, pero hay datos de sobra.

☒ Sí puedo responder a la pregunta, porque están los datos necesarios, ni más ni menos.

Justificación: *si llamamos L al lado del cuadrado dibujado por Borja y D a su diagonal, por el teorema de Pitágoras se cumple que:*

$$D^2 = L^2 + L^2 = 2L^2$$

Así pues, el cociente de D^2 (que es igual al área del cuadrado trazado por Consuelo) entre L^2 (cuyo valor coincide con el área del cuadrado dibujado por Borja) es igual a 2, independientemente del tamaño de los cuadrados.

> ➤ El precio de unas zapatillas, IVA incluido, es de 65 €. ¿Cuál es su precio sin IVA?

☒ No puedo responder a la pregunta porque faltan datos.

⬜ No puedo responder a la pregunta porque hay datos absurdos o sin sentido.

⬜ Sí puedo responder a la pregunta, pero hay datos de sobra.

⬜ Sí puedo responder a la pregunta, porque están los datos necesarios, ni más ni menos.

Justificación: *sería necesario conocer el porcentaje de IVA que se aplica.*

➢ Una entidad financiera ofrece un depósito que consiste en la rebaja de un 1,75 % del capital invertido durante un año. ¿Cuál será el beneficio de un cliente que coloca 50 000 € en este depósito?

☐ No puedo responder a la pregunta porque faltan datos.

☒ No puedo responder a la pregunta porque hay datos absurdos o sin sentido.

☐ Sí puedo responder a la pregunta, pero hay datos de sobra.

☐ Sí puedo responder a la pregunta, porque están los datos necesarios, ni más ni menos.

Justificación: *una rebaja del 1,75 % significa que el cliente perdería dinero al contratar el depósito, lo cual no es lógico.*

➢ El cociente de la división de un polinomio $P(x)$ entre otro $Q(x)$ es de tercer grado. ¿Cuál es el grado de $P(x)$?

☒ No puedo responder a la pregunta porque faltan datos.

☐ No puedo responder a la pregunta porque hay datos absurdos o sin sentido.

☐ Sí puedo responder a la pregunta, pero hay datos de sobra.

☐ Sí puedo responder a la pregunta, porque están los datos necesarios, ni más ni menos.

Justificación: *haría falta conocer el grado del polinomio $Q(x)$, puesto que $gr[P(x)] = gr[Q(x)] + 3$. Con la información del enunciado, habría diferentes soluciones, por ejemplo:*

$gr[P(x)] = 10$ y $gr[Q(x)] = 7$

$gr[P(x)] = 9$ y $gr[Q(x)] = 6$

➢ Para fotocopiar y encuadernar unos apuntes en la copistería *Isapapeles* hay que pagar 2,50 € fijos, más 10 céntimos por cada página; en cambio, en la copistería *Tomascopias* el precio es de 1,80 € fijos y 12 céntimos por cada página. ¿Cuál es el mínimo de páginas que hay que fotocopiar y encuadernar para que salga más barato en *Isapapeles*?

☐ No puedo responder a la pregunta porque faltan datos.

☐ No puedo responder a la pregunta porque hay datos absurdos o sin sentido.

☐ Sí puedo responder a la pregunta, pero hay datos de sobra.

☒ Sí puedo responder a la pregunta, porque están los datos necesarios, ni más ni menos.

Justificación: *denotando por x el número mínimo de páginas que hay que fotocopiar y encuadernar para que resulte más barato en Isapapeles, el problema puede resolverse mediante la inecuación lineal $2,50 + 0,10x < 1,80 + 0,12x$.*

➢ Un rotulador y un recambio de tinta cuestan 1,65 €. El precio de la carga de tinta es 35 céntimos superior al del rotulador, y cuestan lo mismo 20 rotuladores que 13 recambios de tinta. ¿Cuál es el precio de cada uno?

☐ No puedo responder a la pregunta porque faltan datos.

☐ No puedo responder a la pregunta porque hay datos absurdos o sin sentido.

☒ Sí puedo responder a la pregunta, pero hay datos de sobra.

☐ Sí puedo responder a la pregunta, porque están los datos necesarios, ni más ni menos.

Justificación: *conociendo el coste conjunto del rotulador y la carga de tinta, y la diferencia entre el precio de ambos, se puede determinar lo que cuesta cada uno, sin necesidad de disponer del dato relativo al precio de 20 rotuladores y 13 recambios de tinta.*

➢ Desde un punto situado en el suelo de una plaza, se ve la parte superior de la torre de una iglesia bajo un ángulo de 50°. ¿Cuál es la altura de la torre?

☒ No puedo responder a la pregunta porque faltan datos.

☐ No puedo responder a la pregunta porque hay datos absurdos o sin sentido.

☐ Sí puedo responder a la pregunta, pero hay datos de sobra.

☐ Sí puedo responder a la pregunta, porque están los datos necesarios, ni más ni menos.

Justificación: *sería necesario conocer la distancia entre el punto de observación y el pie de la torre de la iglesia, para así poder usar la definición de la tangente y despejar el cateto desconocido, que sería la altura de la torre.*

➢ Rubén está en la orilla de una playa haciendo volar una cometa sujeta con un hilo de 60 m totalmente tenso. En un determinado momento, el ángulo de inclinación del hilo con respecto a la horizontal es de 70°. ¿A qué distancia del suelo se encuentra la cometa en ese momento?

☒ No puedo responder a la pregunta porque faltan datos.

☐ No puedo responder a la pregunta porque hay datos absurdos o sin sentido.

☐ Sí puedo responder a la pregunta, pero hay datos de sobra.

☐ Sí puedo responder a la pregunta, porque están los datos necesarios, ni más ni menos.

Justificación: *haría falta saber a qué altura sostiene Rubén el extremo del hilo. Con los datos del enunciado, solo se podría calcular la altura de la cometa con respecto a la horizontal del punto de sujeción, no con respecto al suelo.*

➢ La fachada de un viejo edificio está apuntalada con tablones rectos de 4 m de longitud, que forman un ángulo de 60° con la horizontal. ¿A qué altura se encuentra el punto de contacto de cada tablón con la fachada?

☐ No puedo responder a la pregunta porque faltan datos.

☐ No puedo responder a la pregunta porque hay datos absurdos o sin sentido.

☐ Sí puedo responder a la pregunta, pero hay datos de sobra.

☒ Sí puedo responder a la pregunta, porque están los datos necesarios, ni más ni menos.

Justificación: *como se conoce la hipotenusa y uno de los ángulos agudos de cada triángulo rectángulo formado por la fachada, el suelo y cada uno de los tablones, es posible determinar el cateto opuesto al ángulo agudo conocido, usando para ello la definición del seno, y despejando el cateto desconocido, que sería la altura del punto de contacto del tablón con la fachada.*

➤ La sombra de un poste de 9 m de altura mide 6 m, justo en el instante en el que los rayos del sol forman un ángulo de 56,31° con la horizontal. ¿Cuál es la distancia entre el extremo de la sombra y la parte superior del poste en ese momento?

☐ No puedo responder a la pregunta porque faltan datos.

☐ No puedo responder a la pregunta porque hay datos absurdos o sin sentido.

☒ Sí puedo responder a la pregunta, pero hay datos de sobra.

☐ Sí puedo responder a la pregunta, porque están los datos necesarios, ni más ni menos.

Justificación: *se trata de calcular la hipotenusa del triángulo rectángulo cuyos catetos son el poste y su sombra. Ello puede llevarse a cabo aplicando el teorema de Pitágoras, si se conocen los dos catetos, o usando la definición de la tangente, si se conoce un ángulo agudo y un cateto. Así pues, bastaría con conocer únicamente los dos catetos, o solo un cateto y un ángulo agudo.*

➤ ¿Cuál es la superficie de una plaza triangular cuyos ángulos miden 20°, 70° y 90°?

☒ No puedo responder a la pregunta porque faltan datos.

☐ No puedo responder a la pregunta porque hay datos absurdos o sin sentido.

☐ Sí puedo responder a la pregunta, pero hay datos de sobra.

☐ Sí puedo responder a la pregunta, porque están los datos necesarios, ni más ni menos.

Justificación: *conociendo solo los ángulos, no es posible determinar la superficie de un triángulo, ya que pueden formarse triángulos semejantes (que tienen los tres ángulos iguales) de cualquier tamaño.*

➤ Desde un avión que vuela a 8000 m de altura, se ve un estadio de fútbol bajo un ángulo de depresión de 30°. Poco después, cuando el avión se desplaza 5 km en horizontal acercándose al estadio, el ángulo de depresión con el que se ve es de 25°. ¿A qué distancia del estadio está el avión en ese momento?

☐ No puedo responder a la pregunta porque faltan datos.

☒ No puedo responder a la pregunta porque hay datos absurdos o sin sentido.

☐ Sí puedo responder a la pregunta, pero hay datos de sobra.

☐ Sí puedo responder a la pregunta, porque están los datos necesarios, ni más ni menos.

Justificación: *conforme el avión va aproximándose al estadio, el ángulo de depresión va aumentando, no disminuyendo; por tanto, no es posible que, cuando el avión se acerca 5 km al estadio, el ángulo de depresión con el que se ve pase de 30° a 25°.*

➤ El triángulo *ABC* tiene una superficie de 10 cm², y se verifica que $A = (-1, 4)$ y $B = (0, 1)$. ¿Cuáles son las coordenadas del vértice *C*?

☒ No puedo responder a la pregunta porque faltan datos.

☐ No puedo responder a la pregunta porque hay datos absurdos o sin sentido.

☐ Sí puedo responder a la pregunta, pero hay datos de sobra.

☐ Sí puedo responder a la pregunta, porque están los datos necesarios, ni más ni menos.

Justificación: *a partir de las coordenadas de los vértices A y B, es posible calcular la longitud del lado AB, que puede considerarse la base del triángulo. Como se conoce también la superficie, se puede hallar la altura, despejándola en la fórmula del área del triángulo. Así pues, si se traza una recta paralela a la recta AB, situada a una distancia igual a la altura del triángulo, resulta que cualquier punto de esta recta paralela puede ser el vértice C del triángulo. Se trata de un problema indeterminado, pues admite infinitas soluciones. Hay que señalar también que es posible trazar dos paralelas a la recta AB en estas condiciones, una a cada lado.*

➤ De un triángulo *ABC*, se conoce el vértice $A = (2, 0)$ y el punto medio de los vértices *B* y *C*, $M = (8, 3)$. ¿Cuáles son las coordenadas del baricentro, *H*?

☐ No puedo responder a la pregunta porque faltan datos.

☐ No puedo responder a la pregunta porque hay datos absurdos o sin sentido.

☐ Sí puedo responder a la pregunta, pero hay datos de sobra.

☒ Sí puedo responder a la pregunta, porque están los datos necesarios, ni más ni menos.

Justificación: *según la propiedad fundamental del baricentro, se verifica que este punto está en el segmento AM (la mediana correspondiente al vértice A), a doble distancia de A que de M. Así pues, es posible obtener sus coordenadas con los datos del enunciando, ya que, por lo dicho, se cumple:*

$$H = A + \frac{2}{3}\overrightarrow{AM}$$

➢ De un trapecio *ABCD*, se conocen los vértices consecutivos $A = (-3, -2)$, $B = (5, 0)$ y $C = (3, 4)$, y el punto medio del lado *CD*, $M = (1, 7/2)$. ¿Cuáles son las coordenadas del vértice *D*?

☐ No puedo responder a la pregunta porque faltan datos.

☐ No puedo responder a la pregunta porque hay datos absurdos o sin sentido.

☒ Sí puedo responder a la pregunta, pero hay datos de sobra.

☐ Sí puedo responder a la pregunta, porque están los datos necesarios, ni más ni menos.

Justificación: *como M es el punto medio de C y D, se cumple la igualdad:*

$$M = \frac{C+D}{2}$$

Así pues, si conocemos las coordenadas de C y de M, es posible calcular las de D, despejando en la igualdad anterior:

$$D = 2M - C$$

Por tanto, para resolver el problema no hace falta conocer las coordenadas de los puntos A y B.

➤ La gráfica correspondiente a un electrocardiograma es periódica, pues se repite la misma secuencia cada cierto tiempo, según los latidos del corazón. Para realizar esta prueba, se colocaron unos electrodos en el pecho y en las extremidades de un paciente durante cinco minutos. ¿Cuál es el periodo de la gráfica de ese electrocardiograma?

☒ No puedo responder a la pregunta porque faltan datos.

☐ No puedo responder a la pregunta porque hay datos absurdos o sin sentido.

☐ Sí puedo responder a la pregunta, pero hay datos de sobra.

☐ Sí puedo responder a la pregunta, porque están los datos necesarios, ni más ni menos.

Justificación: *sería necesario conocer, además del tiempo empleado en realizar la prueba, el número de secuencias repetidas que presenta la gráfica.*

➤ El número de socios del club de un equipo de fútbol se expresa por la función $f(t) = -t^2 - 1000$, siendo la variable t el tiempo, en años, transcurrido desde su fundación. ¿Cuántos socios tenía este equipo de fútbol en su tercer año de existencia?

☐ No puedo responder a la pregunta porque faltan datos.

☒ No puedo responder a la pregunta porque hay datos absurdos o sin sentido.

☐ Sí puedo responder a la pregunta, pero hay datos de sobra.

☐ Sí puedo responder a la pregunta, porque están los datos necesarios, ni más ni menos.

Justificación: *la función toma valores negativos siempre, sean cuales sean los valores de t. Esto no es posible, ya que la función indica una cantidad de personas.*

➤ Pedro ha colocado 70 000 € en un depósito bancario que le ofrece un interés compuesto del 1,5 % anual. Escribe la expresión algebraica de la función correspondiente al capital que posee Pedro, dependiendo del número de años transcurridos desde la contratación del depósito.

☐ No puedo responder a la pregunta porque faltan datos.

☐ No puedo responder a la pregunta porque hay datos absurdos o sin sentido.

☐ Sí puedo responder a la pregunta, pero hay datos de sobra.

☒ Sí puedo responder a la pregunta, porque están los datos necesarios, ni más ni menos.

Justificación: *aplicando la fórmula del interés compuesto, es posible obtener la expresión algebraica de la función pedida:*

$$f(t) = 70\ 000 \cdot \left(1 + \frac{1,5}{100}\right)^t$$

➢ Un proyectil sigue una trayectoria parabólica e impacta a 700 m, en un punto situado a la misma altura que el del lanzamiento. ¿A qué distancia del lugar del impacto, medida en la horizontal, alcanza el proyectil la máxima altura?

☐ No puedo responder a la pregunta porque faltan datos.

☐ No puedo responder a la pregunta porque hay datos absurdos o sin sentido.

☐ Sí puedo responder a la pregunta, pero hay datos de sobra.

☒ Sí puedo responder a la pregunta, porque están los datos necesarios, ni más ni menos.

Justificación: *la máxima altura se alcanza en el vértice de la parábola que describe la trayectoria del proyectil. Como la parábola es simétrica respecto de la recta vertical que contiene al vértice y, además, pasa por los puntos (0, 0) y (700, 0), la distancia pedida coincide con la abscisa del punto medio de estos dos, que es 350.*

➢ La función $f(t) = \frac{4}{5}t$ expresa la cantidad de basura, en kilogramos, que genera una persona durante el mes de enero, siendo la variable t el número de días transcurridos de este mes. ¿Cuál es el dominio de la función f?

☐ No puedo responder a la pregunta porque faltan datos.

☐ No puedo responder a la pregunta porque hay datos absurdos o sin sentido.

☒ Sí puedo responder a la pregunta, pero hay datos de sobra.

☐ Sí puedo responder a la pregunta, porque están los datos necesarios, ni más ni menos.

Justificación: *como la variable t se corresponde con los días transcurridos del mes de enero, puede tomar los valores 1, 2, 3,..., 31. Así pues, es posible calcular el dominio de la función f sin necesidad de conocer su expresión algebraica.*

➢ El coste de fabricación, en euros, de una cantidad x de bolígrafos, incluyendo todos los gastos, viene dado por la función $f(x) = 5\sqrt{x} + 10$. Halla la tasa de variación media.

☒ No puedo responder a la pregunta porque faltan datos.

☐ No puedo responder a la pregunta porque hay datos absurdos o sin sentido.

☐ Sí puedo responder a la pregunta, pero hay datos de sobra.

☐ Sí puedo responder a la pregunta, porque están los datos necesarios, ni más ni menos.

Justificación: *para calcular la tasa de variación media de una función es necesario precisar un intervalo.*

➢ En una caja, hay 12 fichas de parchís: tres rojas, dos azules, tres amarillas y cuatro verdes. ¿Cuál es la probabilidad de que, al sacar una ficha sin mirar, sea de color verde?

☐ No puedo responder a la pregunta porque faltan datos.

☐ No puedo responder a la pregunta porque hay datos absurdos o sin sentido.

☒ Sí puedo responder a la pregunta, pero hay datos de sobra.

☐ Sí puedo responder a la pregunta, porque están los datos necesarios, ni más ni menos.

Justificación: *como se conoce la cantidad de fichas que hay de cada color, se puede calcular el número total, sin más que sumar. Por tanto, no es necesario que el enunciado indique que hay 12 fichas en la caja.*

➤ Se extraen, al azar, dos cartas de una baraja. ¿Cuál es la probabilidad de que las dos cartas sean del mismo palo?

☒ No puedo responder a la pregunta porque faltan datos.

☐ No puedo responder a la pregunta porque hay datos absurdos o sin sentido.

☐ Sí puedo responder a la pregunta, pero hay datos de sobra.

☐ Sí puedo responder a la pregunta, porque están los datos necesarios, ni más ni menos.

Justificación: *en el enunciado no se especifica qué tipo de baraja es (española, francesa, alemana...), por lo que no se sabe cuántas cartas la componen ni cuántas cartas hay de cada palo.*

➤ Un juego consiste en lanzar dos dados y sumar las puntuaciones obtenidas en cada uno. ¿Cuál es la probabilidad de obtener un 7 en este juego?

☐ No puedo responder a la pregunta porque faltan datos.

☐ No puedo responder a la pregunta porque hay datos absurdos o sin sentido.

☐ Sí puedo responder a la pregunta, pero hay datos de sobra.

☒ Sí puedo responder a la pregunta, porque están los datos necesarios, ni más ni menos.

Justificación: *se puede calcular la probabilidad de obtener un 7 aplicando la regla de Laplace. Para ello, basta con hacer la lista de todos los posibles resultados (que son 36), contar los favorables a la obtención de un 7 (que son seis) y hacer el cociente.*

➤ Un equipo de pedagogos ha elaborado un plan para reducir el fracaso escolar. Para ello, han experimentado un nuevo método de enseñanza en un grupo de 1000 estudiantes. Según el informe presentado por este equipo de expertos, gracias al nuevo método de enseñanza, la nota media en Matemáticas de los 1000 estudiantes fue de 8,7 puntos y, además, todos los estudiantes habían obtenido una nota superior a esta media. ¿Cuántos puntos en total consiguieron los 1000 estudiantes en Matemáticas?

☐ No puedo responder a la pregunta porque faltan datos.

☒ No puedo responder a la pregunta porque hay datos absurdos o sin sentido.

☐ Sí puedo responder a la pregunta, pero hay datos de sobra.

☐ Sí puedo responder a la pregunta, porque están los datos necesarios, ni más ni menos.

Justificación: *no es posible que la nota de todos los estudiantes sea superior a la media, ya que esta se corresponde siempre con un valor comprendido entre el menor y el mayor de los datos.*

➢ La estatura, en centímetros, de los 28 estudiantes de un grupo de 4.º de ESO, escrita por orden de lista, es: 182, 164, 170, 159, 160, 167, 185, 174, 163, 160, 180, 175, 181, 160, 162, 178, 175, 176, 184, 175, 166, 179, 162, 158, 171, 168, 183, 170. ¿Cuál es la moda?

☐ No puedo responder a la pregunta porque faltan datos.

☐ No puedo responder a la pregunta porque hay datos absurdos o sin sentido.

☐ Sí puedo responder a la pregunta, pero hay datos de sobra.

☒ Sí puedo responder a la pregunta, porque están los datos necesarios, ni más ni menos.

Justificación: *contando el número de veces que aparece cada dato, puede hallarse la moda. En este caso, tomaría dos valores (160 y 175), lo cual es posible, ya que la moda no tiene por qué ser única.*

➢ El salario medio del personal de una empresa es de 1650 €/mes. Si se incorpora un nuevo directivo, con un sueldo mensual de 3800 €, ¿cuál será el nuevo salario medio de los empleados de esta empresa?

☒ No puedo responder a la pregunta porque faltan datos.

☐ No puedo responder a la pregunta porque hay datos absurdos o sin sentido.

☐ Sí puedo responder a la pregunta, pero hay datos de sobra.

☐ Sí puedo responder a la pregunta, porque están los datos necesarios, ni más ni menos.

Justificación: *sería necesario conocer el número de personas que trabajan en la empresa.*

2. Escribe dos preguntas que puedan contestarse con los datos aportados en cada uno de estos enunciados.

> Se consideran los números irracionales $A = 1,01001000100001...$ y $B = 2,02002000200002...$

Dos posibles preguntas son: *¿Qué tipo de número es $A + B$? ¿Y $A \cdot B$?*

> Un biólogo estudió el comportamiento de un cultivo de bacterias durante 10 días, y observó que, durante ese tiempo, la población se triplicaba cada día. Cuando inició el experimento, había 2000 bacterias en el cultivo.

Dos posibles preguntas son: *¿Cuántas bacterias había en el cultivo el segundo día? ¿Y al cabo de 10 días?*

> Para determinar la magnitud de un terremoto en la escala de Richter, se utiliza la fórmula:

$$M = \log\left(\frac{A}{A_0}\right)$$

siendo A la amplitud de la onda del terremoto y A_0 la amplitud de la onda más pequeña que es posible detectar. En una ciudad, un día se produjo un terremoto con una amplitud de onda 10 000 veces superior a A_0 y, al día siguiente, otro con una magnitud de 4,7 en la escala de Richter.

Dos posibles preguntas son: *¿Qué magnitud tuvo el primer terremoto? ¿Cuál de los dos terremotos se notó más?*

> Una empresa tiene contraída una deuda de 18 000 €, que debe pagar en el plazo de un año, con un interés del 2,3 %. Si incumple el plazo de pago, además del capital y los intereses, tendrá que abonar un recargo del 4 %.

Dos posibles preguntas son: *¿Cuánto tendrá que pagar la empresa en el plazo de un año? ¿Y si no cumple el plazo de pago?*

> La diferencia entre el cuadrado de un número par y el triple de otro impar es igual a 43. Además, la suma de ambos números es 15.

Dos posibles preguntas son: *¿Cuál es el número par? ¿Y el impar?*

➢ Una lámina metálica rectangular, utilizada en la fabricación de una puerta acorazada, se rodea con un marco de madera de 7 m de longitud. El largo de la lámina metálica es un 80 % mayor que el ancho.

Dos posibles preguntas son: *¿Cuánto mide el largo de la lámina metálica? ¿Y el ancho?*

3. Escribe tres preguntas que puedan contestarse con los datos de cada enunciado.

➢ La base de un depósito cilíndrico tiene una superficie aproximada de 63,62 m², y su altura es un 60 % mayor que el diámetro de la base.

Tres posibles preguntas son: *¿Cuánto mide el diámetro de la base del depósito? ¿Y la altura? ¿Cuál es el volumen del depósito?*

➢ Un coche ha recorrido 2 km por una carretera recta, con una pendiente del 3 %.

Tres posibles preguntas son: *¿Qué ángulo forma la carretera con la horizontal? ¿Qué altura ha ganado el coche? ¿Qué distancia ha recorrido en horizontal?*

➢ De un triángulo se conocen los ángulos $A = 90°$ y $B = 38°$, y el lado $a = 18$ cm.

Tres posibles preguntas son: *¿Cuánto mide el ángulo C? ¿Cuál es la longitud del lado b? ¿Y la del lado c?*

➢ Aarón y Paco están arrastrando un pesado mueble, tirando de él con una cuerda cada uno. La fuerza con la que Aarón tira se corresponde con el vector $\vec{u} = (5,1)$, y la aplicada por Paco, con el vector $\vec{v} = (7,2)$.

Tres posibles preguntas son: *¿Cuál es el vector de la fuerza resultante de aplicar las dos fuerzas? ¿Cuánto vale su módulo? ¿Qué ángulo forman las cuerdas con las que Aarón y Paco tiran del mueble?*

➢ Los puntos $A = (-1, -3)$, $B = (4, 1)$ y $C = (2, 5)$ son tres vértices consecutivos de un paralelogramo.

Tres posibles preguntas son: *¿Cuáles son las coordenadas del cuarto vértice del paralelogramo? ¿Cuál es la longitud de cada lado? ¿Cuánto mide el perímetro?*

> ➤ Un río está situado entre dos pueblos *A* y *B*, de manera que una parte de su cauce coincide con la mediatriz del segmento que los une. En cierto sistema de referencia, las coordenadas del pueblo *A* son *A* = (1, 1), y las del punto medio de *A* y *B* vienen dadas por *M* = (3, 2).

Tres posibles preguntas son: *¿Cuáles son las coordenadas del pueblo B en este sistema de referencia? ¿Qué distancia hay entre los dos pueblos? ¿Cuál es la ecuación de la recta que contiene la parte del río que coincide con la mediatriz?*

> ➤ Óscar fue al cine con su mujer, su hijo y su hija, y se sentaron en cuatro butacas consecutivas.

Tres posibles preguntas son: *¿De cuántas maneras se pudieron distribuir en las cuatro butacas? ¿Y si Óscar se sentó en una esquina? ¿Y si su mujer se sentó en la otra esquina?*

> ➤ Marta y Omar realizan un experimento aleatorio. En primer lugar, Marta lanza un dado. Si el resultado es menor de 3, Omar tira una moneda; si no, Omar lanza de nuevo el dado.

Tres posibles preguntas son: *¿Cuál es el espacio muestral de este experimento aleatorio? ¿Cuál es la probabilidad de que Omar tenga que tirar la moneda? ¿Y la de que tenga que lanzar de nuevo el dado?*

> ➤ En unas elecciones, el partido *A* obtuvo 4 675 432 votos; el partido *B*, 3 789 215, y los restantes 1 632 874 votos fueron para otros partidos. Se elige un votante al azar.

Tres posibles preguntas son: *¿Cuál es la probabilidad de que haya votado al partido A? ¿Y la probabilidad de que haya votado al B? ¿Y la de que haya votado a otro partido?*

> ➤ Se extrae una bola, al azar, de una urna que contiene 25 bolas, numeradas del 1 al 25.

Tres posibles preguntas son: *¿Cuál es la probabilidad de obtener un número par? ¿Y la de obtener un número impar? ¿Cuál es la probabilidad de que el resultado sea menor de 10?*

➤ En un experimento aleatorio, la probabilidad de que ocurra un suceso *A* es 0,5; la de que ocurra un suceso *B*, 0,6; y la de que ocurran los dos a la vez, 0,2.

Tres posibles preguntas son: *¿Cuál es la probabilidad de que no ocurra el suceso A? ¿Cuál es la probabilidad de que no ocurra el B? ¿Y la de que ocurra alguno de los dos?*

➤ Se ha medido el cociente intelectual de los 20 estudiantes de 4.º de ESO con mejor nota en Matemáticas de una gran ciudad. Los resultados, ordenados de menor a mayor, son los siguientes:

112, 118, 119, 120, 124, 126, 128, 130, 132, 132, 133, 134, 137, 140, 140, 140, 142, 145, 146, 148

Tres posibles preguntas son: *¿Cuál es el cociente intelectual medio de estos 20 estudiantes? ¿Cuál es la moda de esta distribución? ¿Y la mediana?*

4. Traduce los siguientes enunciados al lenguaje algebraico, como se muestra en el ejemplo.

> EJEMPLO:
>
> Selene tiene 28 años menos que su padre y la suma de sus edades es igual a 46:
>
> $$x + (x - 28) = 46$$

➤ Si el lado de un cuadrado se aumenta en 10 cm, se forma otro cuadrado cuya superficie es 940 cm² mayor que la del primero.

$(x + 10)^2 = x^2 + 940$

➤ La media aritmética de dos números que se diferencian en 8 es igual a 58.

$$\frac{x + (x + 8)}{2} = 58$$

También: $\dfrac{x + (x - 8)}{2} = 58$

➤ El volumen de una caja que mide el doble de alto que de largo y la tercera parte de ancho que de largo es igual a 3888 cm^3.

$$(2x) \cdot x \cdot \frac{x}{3} = 3888$$

➤ El *manager* de un grupo de rock estima que, para que sea rentable ofrecer un concierto en un auditorio, los ingresos por la venta de las entradas, cuyo precio es de 28 € cada una, deben ser mayores de 42 000 €.

28x > 42 000

➤ Esteban tiene la mitad de pulseras que Alba, pero si la chica le diera cuatro, los dos tendrían la misma cantidad de pulseras.

$$x - 4 = \frac{x}{2} + 4$$

➤ Un ajedrecista ha jugado un total de 7911 partidas oficiales a lo largo de su carrera, de las que 251 quedaron en tablas. El número de partidas ganadas es superior en 972 al de partidas perdidas.

x + (x + 972) + 251 = 7911

➤ Se quiere colocar un techo de escayola en una habitación que mide 2,3 m más de largo que de ancho, siendo el precio del metro cuadrado de escayola de 20 €.

20 · [x · (x + 2,3)]

➤ Yolanda pagó una entrada de 180 € para la compra a plazos y sin intereses de un televisor que costaba 740 €. La cuota mensual que tiene que pagar es de 40 €.

40x + 180 = 740

➤ La suma de cinco números naturales consecutivos es igual a 100.

x + (x + 1) + (x + 2) + (x + 3) + (x + 4) = 100

➤ Javier lee cada día seis páginas más de la mitad de las que diariamente lee Chelo y entre los dos leen un total de 75 páginas al día.

$$x + \left(\frac{x}{2} + 6 \right) = 75$$

➢ Si se suma el mismo número a los numeradores de las fracciones 1/9 y 2/15, resulta la fracción 3/5.

$$\frac{1+x}{9} + \frac{2+x}{15} = \frac{3}{5}$$

➢ El propietario de un restaurante ha comprado el cuádruple de botellas de agua que de vino, por un importe total de 366 €. Cada botella de vino le ha costado 9 €, y cada botella de agua, 0,80 €.

$$0{,}80 \cdot 4x + 9x = 366$$

5. Señala la oración adecuada para cada expresión algebraica.

➢ $x + 14 = 2(x - 8)$

☐ Hace 14 años, tenía la mitad de la edad que tendré cuando pasen ocho años.

☐ Si tuviera ocho años menos, debería esperar 14 años hasta tener el doble de los que tenía entonces.

☒ Dentro de 14 años, tendré el doble de la edad que tenía hace ocho años.

☐ Dentro de ocho años, tendré 14 años más de la mitad de mi edad actual.

➢ $(x + 28) + x = 166$

☐ Entre Ana y Eliseo, han pintado un total de 166 cuadros, 28 de los cuales son creaciones de la artista.

☒ Ana ha pintado 28 cuadros más que Eliseo y, entre los dos artistas, han creado 166 obras.

☐ Ana y Eliseo han pintado 28 cuadros en el último año, teniendo así un total de 166 obras, entre los dos artistas.

☐ Ana y Eliseo han expuesto 166 cuadros, de los que la artista ha vendido 28.

➤ $x^2 + (x + 25)^2 = 13\ 273$

☐ Si se aumenta en 25 m el lado de una parcela cuadrada, su perímetro es 13 273 m mayor que el de la parcela original.

☒ La superficie conjunta de dos parcelas cuadradas cuyos lados se diferencian en 25 m es de 13 273 m².

☐ La diferencia entre la superficie de dos parcelas cuadradas es de 13 273 m², y el lado de una de ellas mide 25 m más que el de la otra.

☐ Si se aumenta en 25 m el lado de una parcela cuadrada, se forma otra rectangular cuya superficie mide 13 273 m² más que la de la primera.

➤ $\begin{cases} x + y = 84 \\ 0{,}50x + y = 70 \end{cases}$

☐ Begoña ha sacado 70 € de su hucha, en monedas de 50 céntimos y de 1 €. Entre las 84 monedas que ha sacado, hay el doble de 50 céntimos que de 1 €.

☐ Begoña tiene en su hucha 70 monedas, la mitad de 50 céntimos y la otra mitad de 1 €, con un valor total de 84 €.

☒ En la hucha de Begoña, solo hay monedas de 50 céntimos y de 1 €. En total Begoña tiene 84 monedas, con un valor de 70 €.

☐ Begoña tiene un total de 70 monedas en su hucha, con un valor de 84 €. Hay el doble de monedas de 1 € que de 50 céntimos, y no hay monedas de otro tipo.

➤ $\begin{cases} xy = 800 \\ 2x + 2y = 120 \end{cases}$

☐ El perímetro de una cancha de fútbol sala mide 800 m, y sus lados se diferencian en 120 m.

☐ La suma de los dos lados de una cancha de fútbol sala es igual a 120 m, y tiene una superficie de 800 m².

☐ Una cancha de fútbol sala mide 800 cm más de largo que de ancho, y su superficie es de 120 m².

☒ Una cancha de fútbol sala tiene una superficie de 800 m², y su perímetro mide 120 m.

6. Señala la expresión algebraica de la función correspondiente a cada enunciado.

➢ Miriam trabaja como comercial y tiene un salario fijo de 650 € mensuales, más una comisión de 18 € por cada nuevo cliente que consigue. La función que permite indicar los ingresos mensuales de Miriam, dependiendo del número de clientes captados, es:

☐ $f(x) = 650 \cdot 18 \cdot x$

☐ $f(x) = (650 + 18)x$

☒ $f(x) = 650 + 18x$

☐ $f(x) = 650 \cdot (x + 18)$

☐ $f(x) = 18x - 650$

☐ $f(x) = 650x + 18$

➢ El largo de una parcela rectangular mide 45 m más que el ancho. La función que indica la superficie de la parcela, dependiendo de su anchura, es:

☐ $f(x) = (x + 45)^2$

☐ $f(x) = x(45 - x)$

☐ $f(x) = x(x - 45)$

☐ $f(x) = 2(x + 45) + 2x$

☒ $f(x) = x(x + 45)$

☐ $f(x) = 45x$

➢ El coste de fabricación de x bicicletas viene dado por una función, $f(x)$. La fábrica vende cada unidad a 390 €. La función que permite indicar los beneficios de la fábrica, dependiendo del número de bicicletas fabricadas y vendidas, es:

☐ $B(x) = 390x + f(x)$

☒ $B(x) = 390x - f(x)$

☐ $B(x) = 390 \cdot (x + f(x))$

☐ $B(x) = 390 + x \cdot f(x)$

☐ $B(x) = 390 \cdot (x - f(x))$

☐ $B(x) = 390 \cdot (f(x) - x)$

➢ La cantidad de individuos de una colonia de bacterias se triplica cada día. Al principio, había 12 750. La función que permite indicar el número de bacterias presentes en la colonia, dependiendo de los días transcurridos, es:

☐ $f(x) = 12\ 750 \cdot 3x$

☐ $f(x) = 3 \cdot 12\ 750^x$

☐ $f(x) = 12\ 750 \cdot (1 + 3^x)$

☒ $f(x) = 12\ 750 \cdot 3^x$

☐ $f(x) = 12\ 750 \cdot \left(1 + \dfrac{3}{100}\right)^x$

☐ $f(x) = 12\ 750 \cdot (3^x - 1)$

➢ El radio de la base de un depósito cilíndrico mide 1,2 m, y su altura es de 4,5 m. La función que permite indicar los metros que alcanza el nivel del agua en su interior, siempre que no rebose, dependiendo del número de litros que contiene el depósito, es:

☐ $f(x) = 1,2 \cdot \pi \cdot 0,001 \cdot x$

☐ $f(x) = (1,2)^2 \cdot \pi \cdot 0,001 \cdot x$

☐ $f(x) = 1,2 \cdot \pi \cdot (0,001 \cdot x)^2$

☐ $f(x) = \dfrac{\pi \cdot (1,2)^2}{0,001 \cdot x}$

☒ $f(x) = \dfrac{0,001 \cdot x}{\pi \cdot (1,2)^2}$

☐ $f(x) = \dfrac{\pi \cdot 1,2}{(0,001 \cdot x)^2}$

7. Analiza la resolución de los siguientes problemas y completa los huecos de sus enunciados.

> Un comercial recibe una comisión del _7 %_ de los beneficios que sus ventas generan para la empresa, los cuales se corresponden con el _20 %_ de la facturación. Si el comercial consiguió cerrar una venta por un importe de _185 000 €_, ¿cuánto recibió?

En primer lugar, calculamos el beneficio que obtuvo la empresa con esta venta:

$$20 \% \text{ de } 185\ 000 = 0{,}20 \cdot 185\ 000 = 37\ 000 \text{ €}$$

A continuación, determinamos la parte de este beneficio que corresponde al comercial:

$$7 \% \text{ de } 37\ 000 = 0{,}07 \cdot 37\ 000 = 2590 \text{ €}$$

Solución: el comercial recibió 2590 €.

> Un constructor ha dividido un solar de _600_ m² en dos partes, una de ellas con una superficie _cuatro_ veces mayor que la otra, para construir un edificio de viviendas y un local comercial. Ha obtenido un beneficio de _1850_ € por cada metro cuadrado de la parte _mayor_, y de _1400_ € por cada metro cuadrado de la parte _menor_. ¿Cuál ha sido el beneficio total del constructor?

Llamamos x a la superficie de la parte más pequeña. Con esta notación, el área de la parte mayor se expresa por $4x$. En consecuencia, la extensión conjunta de las dos partes en las que el constructor ha dividido el solar viene dada por la expresión $x + 4x$, lo cual permite plantear la ecuación:

$$x + 4x = 600$$

Resolviéndola, resulta: $x = 120$

Por tanto, la parte menor tiene una superficie de 120 m², y la mayor, de 480 m², pues $4 \cdot 120 = 480$.

Para calcular el beneficio que obtiene el constructor con cada parte, multiplicamos:

— Parte menor: $120 \cdot 1400 = 168\ 000$ €

— Parte mayor: $480 \cdot 1850 = 888\ 000$ €

Por último, sumamos los dos resultados anteriores:

$$168\ 000 + 888\ 000 = 1\ 056\ 000\ €$$

Solución: el beneficio total del constructor ha sido de 1 056 000 €.

➢ Un *camping* está ocupado por _764_ tiendas de campaña, ancladas al suelo con un total de _7714_ piquetas. Hay dos clases de tiendas: las de tipo iglú, que necesitan _ocho_ piquetas, y las de tipo _canadiense_, que precisan _14_ piquetas. ¿Cuántas tiendas de cada tipo hay en el *camping*?

Llamamos x e y al número de tiendas de campaña de tipo iglú y de tipo canadiense, respectivamente. Teniendo en cuenta el número total de tiendas, resulta la ecuación:

$$x + y = 764$$

Por otro lado, a partir de la cantidad de piquetas que necesita cada tienda, según del tipo que sea, y del número de piquetas empleadas en total, obtenemos la ecuación:

$$8x + 14y = 7714$$

Resolviendo por el método de sustitución el sistema que conforman las dos ecuaciones, resulta:

$$\begin{cases} x + y = 764 \\ 8x + 14y = 7714 \end{cases} \rightarrow \begin{cases} y = 764 - x \\ 8x + 14(764 - x) = 7714 \rightarrow 6x = 2982 \rightarrow x = 497 \end{cases}$$

$$y = 764 - 497 \rightarrow y = 267$$

Solución: en el *camping* hay 497 tiendas de campaña de tipo iglú y 267 de tipo canadiense.

➢ Un peregrino del Camino de Santiago recorrió cada día los kilómetros que se muestran en la tabla. Representa, aproximadamente, la gráfica de la función que permite indicar la distancia total recorrida por el peregrino, en función del tiempo.

Día	1	2	3	4	5	6	7
Kilómetros	*15*	*22*	*27*	*30*	*25*	*18*	*20*

A partir de los datos de la tabla, podemos calcular la distancia total recorrida por el peregrino, dependiendo del día:

— Momento de inicio: 0 km

— Primer día: 15 km

— Segundo día: 15 + 22 = 37 km

— Tercer día: 37 + 27 = 64 km

— Cuarto día: 64 + 30 = 94 km

— Quinto día: 94 + 25 = 119 km

— Sexto día: 119 + 18 = 137 km

— Séptimo día: 137 + 20 = 157 km

Finalmente, representamos los puntos correspondientes y los unimos con segmentos rectos, resultando una aproximación de la gráfica pedida:

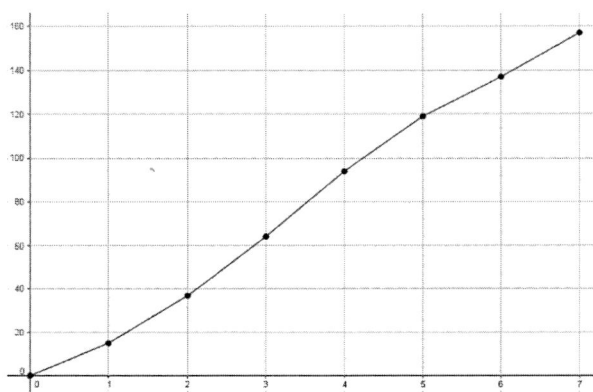

➢ Calcula *la tasa de variación media* de la función $f(x) = \sqrt{x+2}$ en el intervalo *[2, 7]*.

Para resolver el problema, aplicamos la fórmula:

$$TVM[a,b] = \frac{f(b)-f(a)}{b-a}$$

Sustituyendo los datos del enunciado y operando, resulta:

$$TVM[2,7] = \frac{\sqrt{7+2} - \sqrt{2+2}}{7-2} = \frac{3-2}{5} = \frac{1}{5}$$

Solución: el valor pedido es 1/5.

➢ La gráfica de una función *cuadrática, f,* pasa por *el origen de coordenadas* y tiene el *vértice* en el punto *(−1, −1)*. Halla la expresión algebraica de la función *f*.

Por el tipo de función de que se trata, sabemos que su expresión algebraica es de la forma:

$$f(x) = ax^2 + bx + c$$

Sin embargo, como su gráfica pasa por el origen de coordenadas, debe ser $c = 0$.

Ahora, para averiguar los valores de *a* y *b*, hemos de tener en cuenta que el vértice se encuentra en el punto $(-1, -1)$. Así, resulta:

$$\begin{cases} f(-1) = -1 \\ V_x = \dfrac{-b}{2a} \end{cases} \rightarrow \begin{cases} a \cdot (-1)^2 + b \cdot (-1) = -1 \\ -1 = \dfrac{-b}{2a} \end{cases} \rightarrow \begin{cases} a - b = -1 \\ b = 2a \end{cases} \rightarrow \begin{cases} a = 1 \\ b = 2 \end{cases}$$

Solución: la expresión algebraica pedida es: $f(x) = x^2 + 2x$

➢ De los coches fabricados por la marca ALV, el 5 % tiene algún defecto en el *motor*, el 3 % tiene algún defecto en *la carrocería*, y el 1 % tiene algún defecto en *el motor y la carrocería*. Las *demás partes* de los coches de esta marca nunca tienen defectos de fabricación. ¿Cuál es la probabilidad de que el ALV que ha comprado Julio *no tenga ningún defecto de fabricación*?

En primer lugar, consideramos los sucesos:

A = {El ALV que ha comprado Julio tiene algún defecto en el motor}

B = {El ALV que ha comprado Julio tiene algún defecto en la carrocería}

Entonces, como las demás partes de los ALV nunca tienen defectos de fabricación, para resolver el problema basta con calcular la probabilidad del suceso $\bar{A} \cap \bar{B}$, que también se puede escribir como $\overline{A \cup B}$.

Para ello, podemos tener en cuenta la fórmula de la probabilidad del suceso contrario:

$$P\left(\overline{A \cup B}\right) = 1 - P\left(A \cup B\right)$$

Así, el problema se reduce a calcular $P\left(A \cup B\right)$, para lo cual usamos la fórmula:

$$P\left(A \cup B\right) = P\left(A\right) + P\left(B\right) - P\left(A \cap B\right)$$

Sustituyendo los datos del enunciado y operando, resulta:

$$P\left(A \cup B\right) = 0,05 + 0,03 - 0,01 = 0,07$$

Por tanto:

$$P\left(\overline{A \cup B}\right) = 1 - 0,07 = 0,93$$

Solución: la probabilidad de que el ALV que ha comprado Julio no tenga ningún defecto de fabricación es igual a 0,93.

➢ Una urna contiene *10* bolas *blancas, cuatro* azules y *seis* rojas. Se saca una bola de la urna, al azar, y se mira su color. Si es *blanca*, se lanza *una moneda*; si es azul, se tira *un dado*, y si es roja, se devuelve a la urna y *se extrae otra bola*, al azar. Escribe el espacio muestral asociado a este experimento aleatorio y calcula la probabilidad de *los sucesos elementales*.

En primer lugar, consideramos los sucesos:

$$B = \{\text{La bola extraída de la urna es blanca}\}$$

$$A = \{\text{La bola extraída de la urna es azul}\}$$

$$R = \{\text{La bola extraída de la urna es roja}\}$$

$$C = \{\text{Se obtiene } cara \text{ al lanzar la moneda}\}$$

$$X = \{\text{Se obtiene } cruz \text{ al lanzar la moneda}\}$$

Asimismo, consideramos los sucesos 1, 2, 3, 4, 5 y 6, correspondientes con el número obtenido al tirar el dado.

Con esta notación, el espacio muestral es:

$$\Omega = \{BC, BX, A1, A2, A3, A4, A5, A6, RB, RA, RR\}$$

Ahora, para calcular la probabilidad de los sucesos elementales, utilizamos la regla del producto, por tratarse de sucesos independientes, y la regla de Laplace:

$$P(BC) = P(B) \cdot P(C) = \frac{10}{20} \cdot \frac{1}{2} = \frac{1}{4}$$

$$P(BX) = P(B) \cdot P(X) = \frac{10}{20} \cdot \frac{1}{2} = \frac{1}{4}$$

$$P(A1) = P(A) \cdot P(1) = \frac{4}{20} \cdot \frac{1}{6} = \frac{1}{30}$$

$$P(A2) = P(A) \cdot P(2) = \frac{4}{20} \cdot \frac{1}{6} = \frac{1}{30}$$

$$P(A3) = P(A) \cdot P(3) = \frac{4}{20} \cdot \frac{1}{6} = \frac{1}{30}$$

$$P(A4) = P(A) \cdot P(4) = \frac{4}{20} \cdot \frac{1}{6} = \frac{1}{30}$$

$$P(A5) = P(A) \cdot P(5) = \frac{4}{20} \cdot \frac{1}{6} = \frac{1}{30}$$

$$P(A6) = P(A) \cdot P(6) = \frac{4}{20} \cdot \frac{1}{6} = \frac{1}{30}$$

$$P(RB) = P(R) \cdot P(B) = \frac{6}{20} \cdot \frac{10}{20} = \frac{3}{20}$$

$$P(RA) = P(R) \cdot P(A) = \frac{6}{20} \cdot \frac{4}{20} = \frac{3}{50}$$

$$P(RR) = P(R) \cdot P(R) = \frac{6}{20} \cdot \frac{6}{20} = \frac{9}{100}$$

PARA PLANIFICAR LA RESOLUCIÓN DEL PROBLEMA

8. Observa la resolución y señala los enunciados que podrían solucionarse de este modo. Para los enunciados que no puedan resolverse así, explica la razón.

Llamamos x a uno de los datos que pretendemos calcular, e y al otro. Con esta notación, tenemos el siguiente sistema de ecuaciones:

$$\begin{cases} x + y = 45 \\ xy = 296 \end{cases}$$

Resolviéndolo por el método de sustitución, resulta:

$$\begin{cases} y = 45 - x \\ x(45 - x) = 296 \to 45x - x^2 = 296 \to x^2 - 45x + 296 = 0 \to x = \dfrac{45 \pm \sqrt{2025 - 1184}}{2} \end{cases} \to$$

$$x = \frac{45 \pm 29}{2} \to \begin{cases} x_1 = 37 \to y_1 = 45 - x_1 \to y_1 = 45 - 37 \to y_1 = 8 \\ x_2 = 8 \to y_2 = 45 - x_2 \to y_2 = 45 - 8 \to y_2 = 37 \end{cases}$$

Así pues, el sistema tiene dos soluciones:

$$\begin{cases} x = 37, y = 8 \\ x = 8, y = 37 \end{cases}$$

Sin embargo, estas dos soluciones del sistema se corresponden con una misma solución del problema, por el papel «simétrico» que tienen x e y, al poder intercambiarse una con otra. Así pues, podemos responder a la pregunta diciendo que los valores que resuelven el problema son 8 y 37.

☐ La edad de Juan y la de su hija suman 45, y su producto es igual a 296. ¿Cuál es la edad de cada uno de ellos?

☒ Los lados desiguales de una cartulina rectangular suman 45 cm, y su superficie es de 296 cm². ¿Cuáles son las dimensiones de la cartulina?

☐ La diferencia de dos números es 45, y su producto, 296. ¿Cuáles son estos números?

☐ Carla se gastó 296 € en varios frascos de perfume, siendo la suma del número de frascos y el número que indica el precio de cada uno igual a 45. Determina la cantidad de frascos de perfume que Carla compró y el precio de cada uno.

☒ ¿Qué dos números dan 45 al sumarlos y 296 al multiplicarlos?

Justificación:

— *El primer enunciado no se corresponde con esta resolución porque el papel de las incógnitas no es intercambiable. En este caso, una letra representa la edad de Juan, y la otra, la de su hija. Por tanto, en la resolución tendría que descartarse la solución del sistema que se corresponde con que Juan tiene 8 años y su hija 37, por ser la edad de un padre siempre mayor que la de su hija.*

— *El tercer enunciado no puede resolverse de este modo, porque en él se dice que la diferencia de los dos números es 45, en lugar de serlo la suma, que es lo que indica la primera ecuación del sistema.*

— *El cuarto enunciado tendría dos soluciones distintas: 8 frascos a 37 € cada uno o 37 frascos con un precio unitario de 8 €. Así pues, en este caso tampoco son intercambiables las letras x e y.*

9. Relaciona las siguientes resoluciones con un enunciado adecuado. Ten en cuenta que puede haber resoluciones que no se correspondan con ningún enunciado, y viceversa.

1️⃣ Llamando *x* al dato que se quiere calcular, el problema puede solucionarse mediante la ecuación:

$$\frac{x(x+1)}{2} = 10$$

Operando, trasponiendo y aplicando la fórmula de la ecuación de segundo grado, resulta:

$$\frac{x^2 + x}{2} = 10 \rightarrow x^2 + x = 20 \rightarrow x^2 + x - 20 = 0 \rightarrow$$

$$x = \frac{-1 \pm \sqrt{1+80}}{2} = \frac{-1 \pm \sqrt{81}}{2} = \frac{-1 \pm 9}{2} \rightarrow \begin{cases} x = 4 \\ x = -5 \end{cases}$$

La solución negativa no es válida, así que la descartamos. En consecuencia, el dato que responde a la pregunta es 4.

2️⃣ Llamando *x* al dato que se quiere calcular, el problema puede solucionarse mediante la ecuación:

$$\frac{x + (x-1)}{2} = 10$$

Resolviéndola, resulta:

$$x + x - 1 = 20 \rightarrow 2x = 21 \rightarrow x = 10,5$$

Por tanto, el dato que responde a la pregunta es 10,5.

3 Llamando x al dato que se quiere calcular, el problema puede solucionarse mediante la ecuación:

$$2[x(x+1)] = 10$$

Trasponiendo, operando y aplicando la fórmula de la ecuación de segundo grado, resulta:

$$x(x+1) = \frac{10}{2} \rightarrow x^2 + x = 5 \rightarrow x^2 + x - 5 = 0 \rightarrow$$

$$x = \frac{-1 \pm \sqrt{1+20}}{2} = \frac{-1 \pm \sqrt{21}}{2} \rightarrow \begin{cases} x = \dfrac{-1+\sqrt{21}}{2} \\ x = \dfrac{-1-\sqrt{21}}{2} \end{cases}$$

La solución negativa no es válida, así que la descartamos. En consecuencia, el dato que responde a la pregunta es:

$$\frac{-1+\sqrt{21}}{2} \simeq 1,79$$

☐ La mitad del producto de dos números negativos que se diferencian en una unidad es igual a 10. ¿Cuál es el menor de estos números?

2 La media aritmética de dos números positivos que se diferencian en una unidad es igual a 10. ¿Cuál es el mayor de estos números?

☐ La mitad del producto de dos números positivos que se diferencian en una unidad es igual a 10. ¿Cuál es el mayor de estos números?

3 El doble del producto de dos números positivos que se diferencian en una unidad es igual a 10. ¿Cuál es el menor de estos números?

☐ La media aritmética de un número positivo y el que resulta al multiplicarlo por otro que es una unidad mayor es igual a 10. ¿Cuál es este número?

☐ El doble del producto de dos números positivos que se diferencian en una unidad es igual a 10. ¿Cuál es el mayor de estos números?

1 La mitad del producto de dos números positivos que se diferencian en una unidad es igual a 10. ¿Cuál es el menor de estos números?

☐ La media aritmética de dos números positivos que se diferencian en una unidad es igual a 10. ¿Cuál es el menor de estos números?

1 Aplicando la regla de Laplace, tenemos que la probabilidad de que la primera bola extraída sea blanca es 3/5, la cual coincide con la probabilidad de que la segunda bola sea blanca, suponiendo que la primera lo era. Por tanto, la probabilidad de que las dos bolas extraídas sean blancas es:

$$\frac{3}{5} \cdot \frac{3}{5} = \frac{9}{25}$$

2 Aplicando la regla de Laplace, tenemos que la probabilidad de que la primera bola extraída sea blanca es 3/5. Por su parte, la probabilidad de que la segunda bola sea blanca, suponiendo que la primera lo era, es 2/5. Por tanto, la probabilidad de que las dos bolas extraídas sean blancas es:

$$\frac{3}{5} \cdot \frac{2}{5} = \frac{6}{25}$$

3 Aplicando la regla de Laplace, tenemos que la probabilidad de que la primera bola extraída sea blanca es 3/5. Por su parte, la probabilidad de que la segunda bola sea blanca, suponiendo que la primera lo era, es 1/5. Por tanto, la probabilidad de que las dos bolas extraídas sean blancas es:

$$\frac{3}{5} + \frac{1}{5} = \frac{4}{5}$$

4 Aplicando la regla de Laplace, tenemos que la probabilidad de que la primera bola extraída sea blanca es 3/5. Por su parte, la probabilidad de que la segunda bola sea blanca, suponiendo que la primera lo era, es 1/2. Por tanto, la probabilidad de que las dos bolas extraídas sean blancas es:

$$\frac{3}{5} \cdot \frac{1}{2} = \frac{3}{10}$$

5 Aplicando la regla de Laplace, tenemos que la probabilidad de que la primera bola extraída sea blanca es 3/5. Por su parte, la probabilidad de que la segunda bola sea blanca, suponiendo que la primera lo era, es 1/5. Por tanto, la probabilidad de que las dos bolas extraídas sean blancas es:

$$\frac{3}{5} \cdot \frac{1}{5} = \frac{3}{25}$$

6 Aplicando la regla de Laplace, tenemos que la probabilidad de que la primera bola extraída sea blanca es 2/3. Por su parte, la probabilidad de que la segunda bola sea blanca, suponiendo que la primera lo era, es 1/2. Por tanto, la probabilidad de que las dos bolas extraídas sean blancas es:

$$\frac{2}{3} \cdot \frac{1}{2} = \frac{1}{3}$$

4 En una urna, hay tres bolas blancas y dos negras. Se saca una bola al azar y, sin devolverla, se extrae otra, también al azar. ¿Cuál es la probabilidad de que las dos bolas extraídas sean blancas?

1 En una urna, hay tres bolas blancas y dos negras. Se extrae una bola al azar, se anota su color y se devuelve a la urna. A continuación, se extrae otra bola, al azar. ¿Cuál es la probabilidad de que las dos bolas extraídas sean blancas?

2 En una urna, hay tres bolas blancas y dos negras, y en otra, dos blancas y tres negras. Se extrae una bola al azar de la primera urna y, a continuación, otra de la segunda. ¿Cuál es la probabilidad de que las dos bolas extraídas sean blancas?

5 En una urna, hay tres bolas blancas y dos negras, y en otra, una blanca y cuatro negras. Se extrae una bola al azar de la primera urna y, a continuación, otra de la segunda. ¿Cuál es la probabilidad de que las dos bolas extraídas sean blancas?

10. Relaciona cada construcción geométrica con el enunciado correcto. Ten en cuenta que puede haber construcciones geométricas que no se correspondan con ningún enunciado, y viceversa.

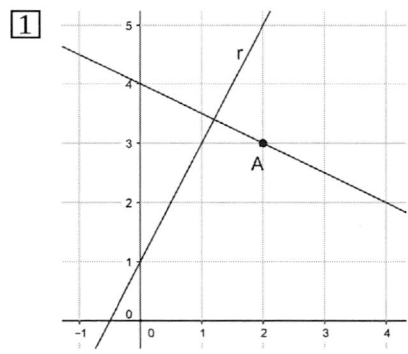

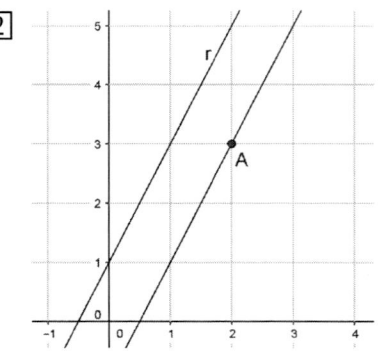

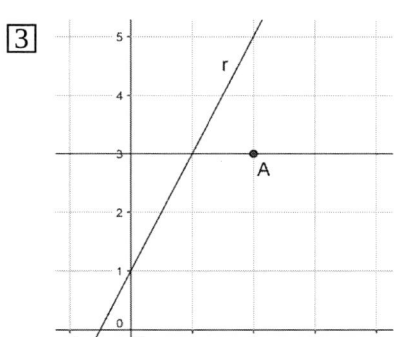

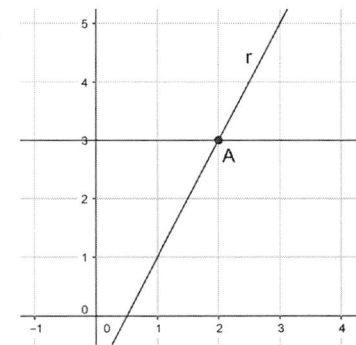

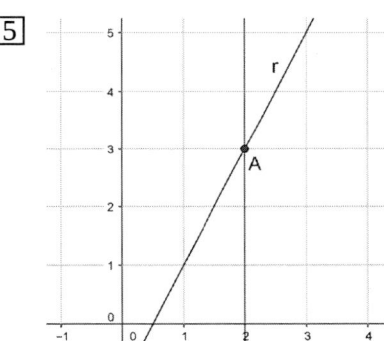

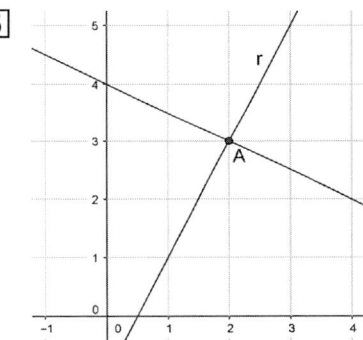

☐ Por el punto $A = (2, 3)$ se traza una recta que corta a la recta $r \equiv y = 2x + 1$, formando un ángulo cuya tangente vale 1/2.

1 Por el punto $A = (2, 3)$ se traza una recta perpendicular a la recta $r \equiv y = 2x + 1$.

☐ Por el punto $A = (2, 3)$ se traza una recta paralela a la recta $r \equiv y = 2x - 1$.

3 Por el punto $A = (2, 3)$ se traza una recta que corta a la recta $r \equiv y = 2x + 1$, formando un ángulo cuya tangente vale 2.

4 Por el punto $A = (2, 3)$ se traza una recta que corta a la recta $r \equiv y = 2x - 1$, formando un ángulo cuya tangente vale 2.

6 Por el punto $A = (2,3)$ se traza una recta perpendicular a la recta $r \equiv y = 2x - 1$.

2 Por el punto $A = (2, 3)$ se traza una recta paralela a la recta $r \equiv y = 2x + 1$.

5 Por el punto $A = (2, 3)$ se traza una recta que corta a la recta $r \equiv y = 2x - 1$, formando un ángulo cuya tangente vale 1/2.

11. Relaciona cada gráfica con un enunciado adecuado. Ten en cuenta que puede haber enunciados que no se correspondan con ninguna gráfica, y viceversa.

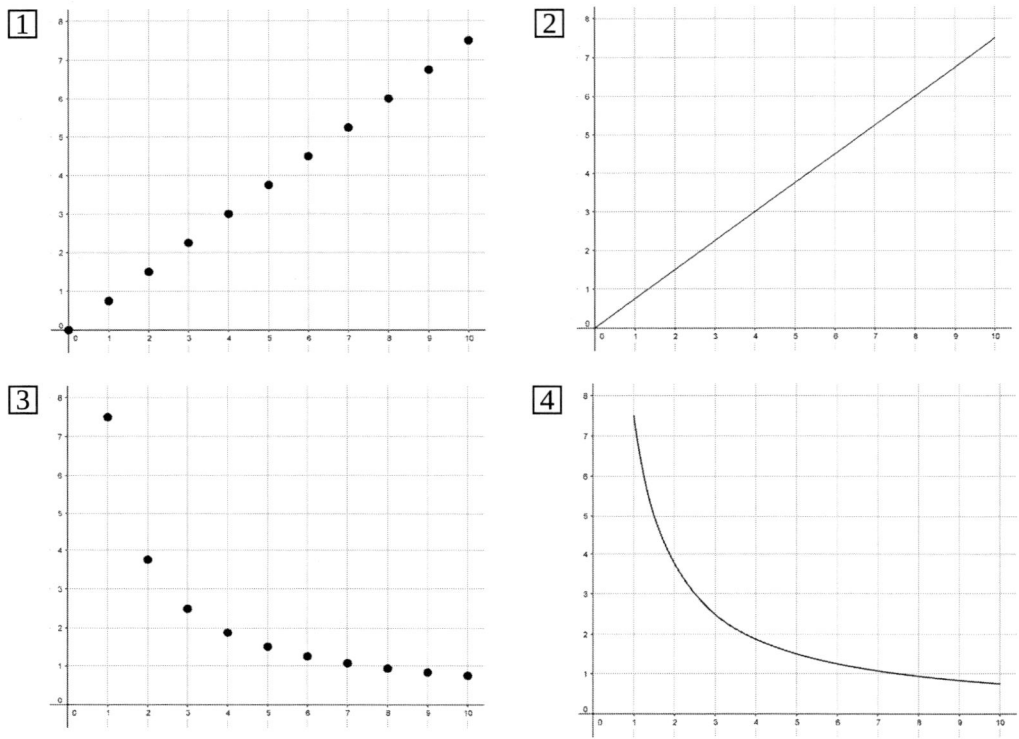

2 En una tienda, se venden las patatas a 0,75 €/kg. Representa la gráfica de la función que permite indicar el coste de las patatas, dependiendo de la cantidad de kilos que se compren, teniendo en cuenta que solo quedan 10 kg en la tienda.

☐ En una tienda, se venden las patatas a 0,75 €/kg. Representa la gráfica de la función que permite indicar el coste de las patatas, dependiendo de la cantidad de clientes que compren, teniendo en cuenta que hay 10 clientes en la tienda.

3 Un grupo de amigos quiere comprar 10 bolsas de patatas fritas, cuyo precio es de 0,75 € la unidad. Representa la gráfica de la función que permite indicar la cantidad de dinero que tiene que aportar cada amigo, dependiendo de cuántos participen en la compra, teniendo en cuenta que el grupo está formado por 10 amigos.

☐ Un grupo de 10 amigos quiere comprar varias bolsas de patatas fritas, cuyo precio es de 0,75 € la unidad. Representa la gráfica de la función que permite indicar la cantidad de dinero que tiene que aportar cada amigo, dependiendo de cuántos participen en la compra, teniendo en cuenta que compran tantas bolsas de patatas fritas como amigos aportan dinero para ello.

1 En una tienda, se venden las bolsas de patatas fritas a 0,75 € la unidad. Representa la gráfica de la función que permite indicar el coste de las patatas fritas, dependiendo del número de bolsas que se compren, teniendo en cuenta que solo quedan 10 bolsas en la tienda.

12. Relaciona cada gráfica con una expresión algebraica adecuada. Ten en cuenta que puede haber expresiones algebraicas que no se correspondan con ninguna gráfica, y viceversa.

1
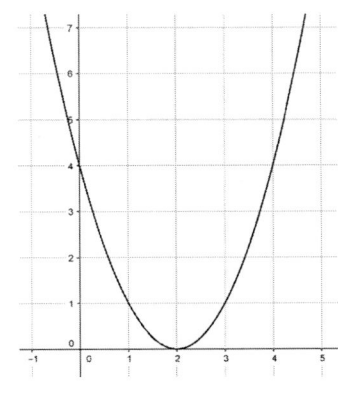

2
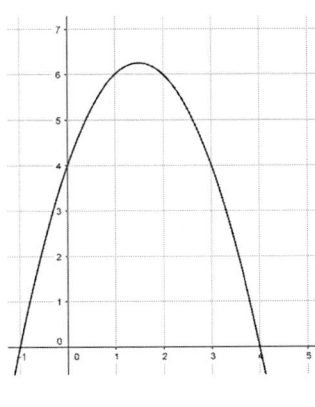

3
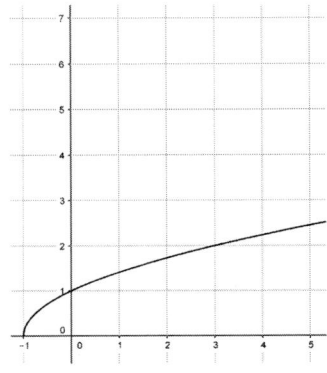

4
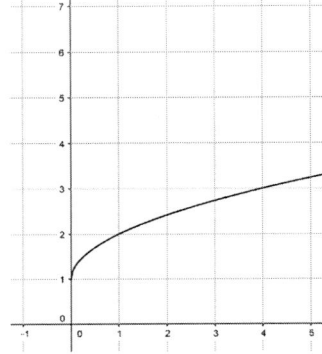

5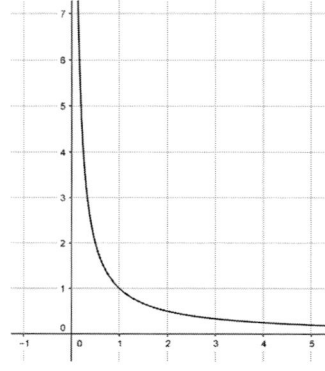

6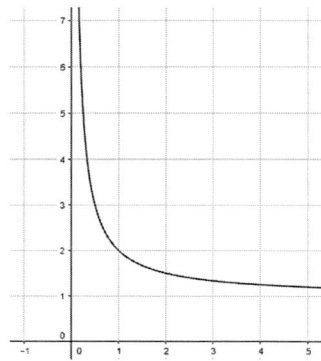

7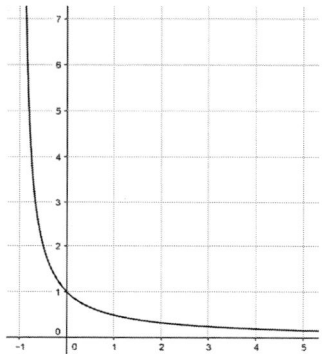

8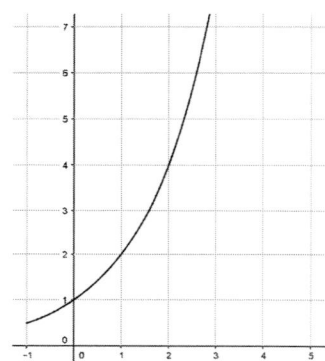

9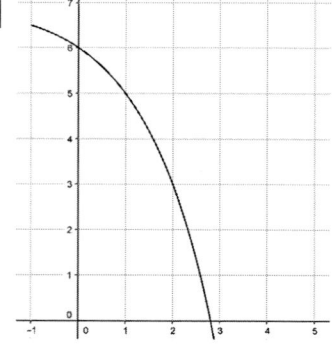

3   $f(x) = \sqrt{x+1}$

9   $f(x) = 7 - 2^x,\ x > -1$

☐ $f(x) = x^2 - 2x + 2$

1   $f(x) = x^2 - 4x + 4$

☐ $f(x) = 2^{-x},\ x > -1$

④ $f(x) = \sqrt{x} + 1$

⑥ $f(x) = \dfrac{1}{x} + 1,\ x > 0$

☐ $f(x) = \dfrac{1}{x-1},\ x > 0$

☐ $f(x) = -\dfrac{1}{x},\ x > 0$

⑦ $f(x) = \dfrac{1}{x+1},\ x > -1$

⑧ $f(x) = 2^x,\ x > -1$

② $f(x) = -x^2 + 3x + 4$

☐ $f(x) = -2^x,\ x > -1$

☐ $f(x) = \sqrt{x-1}$

13. Representa la gráfica de una función que cumpla todas las características descritas en cada caso.

➢ El dominio es $D = (-3, 6]$; es discontinua solo en $x = 1$, donde presenta una asíntota vertical por la izquierda; es decreciente en todo su dominio, con un máximo relativo en el punto de discontinuidad, donde toma el valor 5; corta a los ejes en los puntos $(-1, 0)$, $(0, -1)$ y $(6, 0)$; y tiene una asíntota vertical por la derecha en $x = -3$.

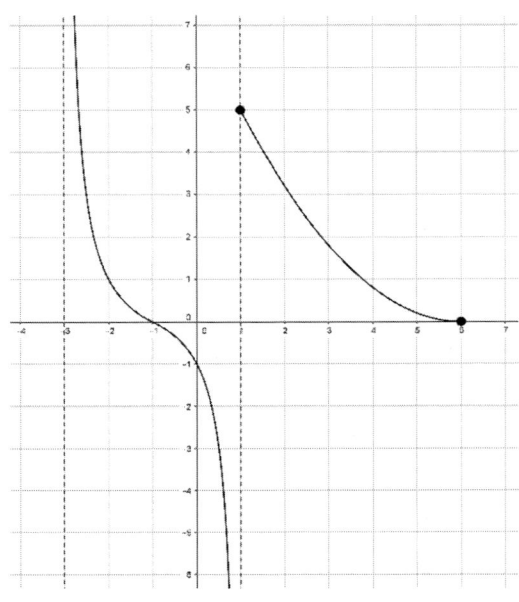

➢ El dominio es $D = [0, +\infty)$; tiene una asíntota oblicua en la recta $y = x - 2$; es decreciente en $(0, 3)$ y creciente en el resto de su dominio; corta a los ejes en los puntos $(0, 8)$, $(2, 0)$ y $(4, 0)$; verifica que $f(3) = -1$; y es continua en todo su dominio.

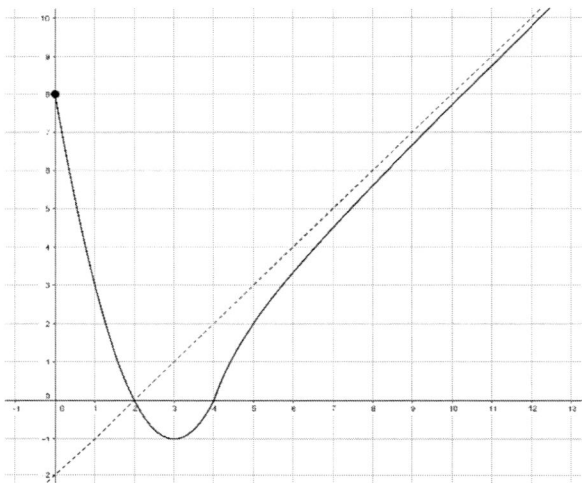

➢ El dominio es $D = \mathbb{R}$; es continua en todo su dominio; es simétrica respecto del eje OY; es creciente en $(0, 1)$ y decreciente en $(1, 2)$; verifica que $f(0) = 0$, $f(1) = 2$ y $f(2) = 0$; es periódica, de periodo 2; y su gráfica está compuesta exclusivamente por tramos rectos.

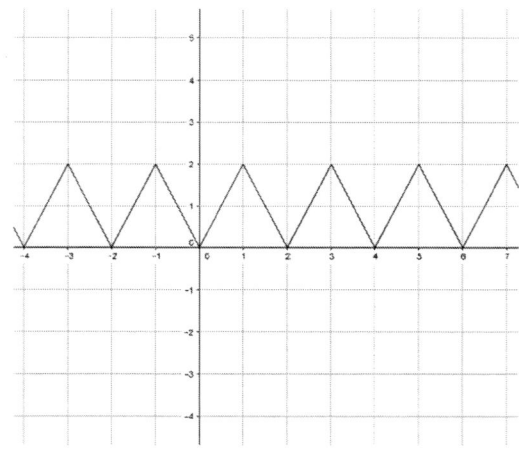

14. Lee los siguientes enunciados y numera los pasos necesarios para que la resolución de cada uno quede correctamente ordenada. Ten en cuenta que puede haber pasos que no formen parte de la resolución.

➤ Lourdes ha pedido dos préstamos: uno para comprar una vivienda y otro para una plaza de aparcamiento. En total, Lourdes tendrá que devolver 141 100 €, entre los dos préstamos, aunque el banco solo le ha prestado 130 000 €, ya que debe pagar un interés del 8 % del dinero recibido para la vivienda y del 15 % del correspondiente al aparcamiento. ¿Cuánto dinero ha pedido Lourdes para comprar la vivienda? ¿Y para el aparcamiento?

$\boxed{3}$ Por otro lado, puesto que Lourdes tiene que pagar un 8 % de interés por el capital destinado a la vivienda, tendrá que devolver un 108 % del mismo, pues 100 % + 8 % = 108 %, lo que significa que la cantidad que debe pagar al banco por el dinero destinado a la vivienda se puede expresar como $1{,}08x$.

☐ Considerando las dos ecuaciones conjuntamente, tenemos el sistema:

$$\begin{cases} x + y = 141\ 100 \\ 1{,}08x + 1{,}15y = 130\ 000 \end{cases}$$

$\boxed{6}$ Considerando las dos ecuaciones conjuntamente, tenemos el sistema:

$$\begin{cases} x + y = 130\ 000 \\ 1{,}08x + 1{,}15y = 141\ 100 \end{cases}$$

$\boxed{8}$ Lourdes ha pedido 120 000 € para comprar la vivienda y 10 000 € para el aparcamiento.

☐ En consecuencia, resulta la ecuación:

$$1{,}08x + 1{,}15y = 130\ 000$$

☐ Lourdes ha pedido 104 225,71 € para comprar la vivienda y 25 774,29 € para el aparcamiento.

$\boxed{2}$ Con esta notación, como Lourdes ha recibido un total de 130 000 €, tenemos la ecuación:

$$x + y = 130\ 000$$

☐ Finalmente, restamos:

$$141\ 100 - 36\ 874{,}29 = 104\ 225{,}71$$

$$130\ 000 - 104\ 225{,}71 = 25\ 774{,}29$$

☐ Resolviéndolo, resulta:

$$\begin{cases} x + y = 141\ 100 \\ 1{,}08x + 1{,}15y = 130\ 000 \end{cases} \rightarrow \begin{cases} x = 460\ 928{,}57 \\ y = -319\ 828{,}57 \end{cases}$$

La solución negativa no es válida, por lo que nos quedamos solo con la positiva.

⑤ Entonces, el total que Lourdes debe abonar al banco viene dado por la expresión $1{,}08x + 1{,}15y$, por lo que obtenemos la ecuación:

$$1{,}08x + 1{,}15y = 141\ 100$$

☐ Con esta notación, como Lourdes tiene que devolver un total de 141 100 €, tenemos la ecuación:

$$x + y = 141\ 100$$

① Llamamos x a la cantidad de dinero que Lourdes ha pedido para comprar la vivienda, e y a la cuantía del préstamo para el aparcamiento.

④ Del mismo modo, la cuantía que Lourdes tiene que pagar por el préstamo del aparcamiento se expresa por $1{,}15y$, ya que, en este caso, el interés es del 15 %, y se cumple que 100 % + 15 % = 115 %.

☐ Multiplicando el valor obtenido por los intereses correspondientes, tenemos:

$$460\ 928{,}57 \cdot 0{,}08 = 36\ 874{,}29$$

⑦ Resolviéndolo, resulta:

$$\begin{cases} x + y = 130\ 000 \\ 1{,}08x + 1{,}15y = 141\ 100 \end{cases} \rightarrow \begin{cases} x = 120\ 000 \\ y = 10\ 000 \end{cases}$$

➤ Para aprobar la asignatura de Matemáticas, la nota media de los seis exámenes que se hacen durante el curso debe ser igual o superior a cinco puntos. Las calificaciones de Alonso en los primeros cinco exámenes fueron: 5, 5, 3, 4 y 6. ¿Qué nota mínima debe sacar Alonso en el último examen para aprobar Matemáticas?

☐ Llamamos x a la nota media de Alonso en los seis exámenes.

☐ Resolviéndola, resulta:

$$\frac{23+5x}{10} \geq 5 \rightarrow 23+5x \geq 50 \rightarrow 5x \geq 27 \rightarrow x \geq 5,4$$

☐ Operando, resulta:

$$\frac{\frac{23}{5}+x}{2} = \frac{\frac{23+5x}{5}}{2} = \frac{23+5x}{10}$$

⑤ Resolviéndola, resulta:

$$\frac{23+x}{6} \geq 5 \rightarrow 23+x \geq 30 \rightarrow x \geq 7$$

☐ Con esta notación, a partir de los datos del enunciado tenemos la inecuación:

$$\frac{5+5+3+4+6}{5} + x \geq 5$$

☐ Multiplicando el resultado por 10, queda: $0,4 \cdot 10 = 4$

☐ Con esta notación, la nota media de todos los exámenes se expresa por:

$$\frac{\frac{5+5+3+4+6}{5}+x}{2}$$

① Llamamos x a la nota mínima que Alonso debe sacar en el último examen para aprobar Matemáticas.

6 Para aprobar Matemáticas, Alonso debe sacar al menos un 7 en el último examen.

☐ Entonces, tenemos la inecuación: $x \geq 5$

2 Con esta notación, la nota media de todos los exámenes se expresa por:

$$\frac{5+5+3+4+6+x}{6}$$

☐ Para aprobar Matemáticas, Alonso debe sacar al menos un 5,4 en el último examen.

☐ Para aprobar Matemáticas, Alonso debe sacar al menos un 4 en el último examen.

☐ Como esta nota media debe ser igual o superior a cinco puntos, tenemos la inecuación:

$$\frac{23+5x}{10} \geq 5$$

☐ Calculando la media de los exámenes, queda: 42 / 6 = 7

4 Como esta nota media debe ser igual o superior a cinco puntos, tenemos la inecuación:

$$\frac{23+x}{6} \geq 5$$

☐ Resolviéndola, resulta:

$$\frac{23}{5} + x \geq 5 \rightarrow x \geq 5 - \frac{23}{5} \rightarrow x \geq \frac{25-23}{5} \rightarrow x \geq \frac{2}{5} \rightarrow x \geq 0,4$$

☐ Para aprobar Matemáticas, Alonso debe sacar al menos un 5 en el último examen.

3 Operando, resulta que la expresión anterior es igual a:

$$\frac{23+x}{6}$$

➤ Dos de los lados de un solar triangular forman un ángulo de 45°, y miden 14 m y 30 m, respectivamente. ¿Cuál es la superficie del solar?

$\boxed{3}$ Para calcular el valor de h, aplicamos la definición del seno.

☐ Así, tenemos:

$$\cos 45° = \frac{h}{14} \to h = 14 \cdot \cos 45° = 14 \cdot \frac{\sqrt{2}}{2} = 7\sqrt{2}$$

☐ Aplicando la fórmula del área del triángulo, resulta:

$$A = \frac{b \cdot h}{2} = \frac{30 \cdot 14}{2} = 210$$

☐

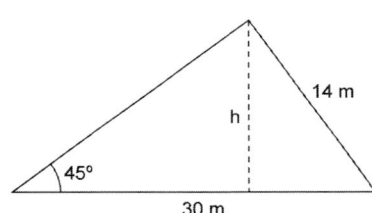

☐ Así, tenemos:

$$\text{sen } 45° = \frac{h}{30} \to h = 30 \cdot \text{sen } 45° = 30 \cdot \frac{\sqrt{2}}{2} = 15\sqrt{2}$$

$\boxed{1}$ Llamamos h a la altura correspondiente al lado de 30 m, y representamos el solar en un dibujo, incluyendo los datos conocidos y la letra h.

☐ Para calcular el valor de h, aplicamos la definición de la tangente.

☐ La superficie del solar es de 210 m².

$\boxed{4}$ Así, tenemos:

$$\text{sen } 45° = \frac{h}{14} \to h = 14 \cdot \text{sen } 45° = 14 \cdot \frac{\sqrt{2}}{2} = 7\sqrt{2}$$

☐ Aplicando la fórmula del área del triángulo, resulta:

$$A = \frac{b \cdot h}{2} = \frac{14 \cdot 15\sqrt{2}}{2} = 105\sqrt{2} \approx 148,49$$

☐ Para calcular el valor de h, aplicamos la definición del coseno.

2

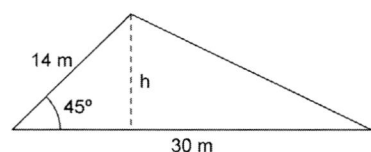

6 La superficie del solar es de 148,49 m².

☐ Así, tenemos:

$$\text{tg}45° = \frac{h}{14} \rightarrow h = 14 \cdot \text{tg}45° \rightarrow h = 14 \cdot 1 \rightarrow h = 14$$

5 Aplicando la fórmula del área del triángulo, resulta:

$$A = \frac{b \cdot h}{2} = \frac{30 \cdot 7\sqrt{2}}{2} = 105\sqrt{2} \approx 148,49$$

☐

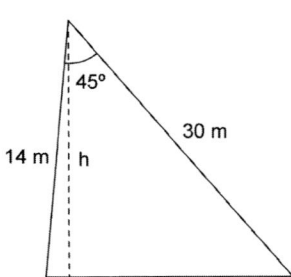

➤ Calcula las coordenadas de un punto, denotado por H, que equidiste de los puntos $A = (1, 1)$, $B = (4, 2)$ y $C = (5, 4)$.

⌐5⌐ Ahora, para determinar las mediatrices, en primer lugar calculamos el punto medio del segmento AB, denotado por P, y el punto medio del segmento AC, denotado por Q:

$$P = \frac{A+B}{2} = \frac{(1,1)+(4,2)}{2} = \left(\frac{5}{2}, \frac{3}{2}\right) = (2,5;1,5)$$

$$Q = \frac{A+C}{2} = \frac{(1,1)+(5,4)}{2} = \left(3, \frac{5}{2}\right) = (3;2,5)$$

⌐13⌐ Análogamente, obtenemos la ecuación de la otra mediatriz:

$$\overrightarrow{AC} = C - A = (4,3) \rightarrow 4x + 3y = c$$
$$4 \cdot 3 + 3 \cdot 2,5 = c \rightarrow c = 19,5$$

Luego la ecuación de la mediatriz es: $4x + 3y = 19,5$

⌐7⌐ A continuación, trazamos la recta perpendicular al segmento AB que pasa por el punto P, y la perpendicular al segmento AC que pasa por Q, que son las mediatrices, obteniéndose el punto H como intersección de ambas.

⌐2⌐ Puesto que el punto H equidista de A y de B, tiene que estar en la mediatriz del segmento AB.

⌐12⌐ Así, tenemos: $3 \cdot 2,5 + 1,5 = k \rightarrow k = 9$

Luego la ecuación de la mediatriz es: $3x + y = 9$

⌐9⌐ Aunque gráficamente se aprecia que $H = (1,5; 4,5)$, vamos a determinarlo de manera analítica, a fin de asegurarnos de que es así.

⌐11⌐ El vector $\overrightarrow{AB}$ viene dado por $\overrightarrow{AB} = B - A = (3,1)$ y, al ser perpendicular a la mediatriz que estamos determinando, resulta que la ecuación de esta es de la forma $3x + y = k$, siendo k una incógnita que podemos calcular imponiendo que esta recta pase por el punto P.

⌐3⌐ Como H también equidista de A y de C, debe estar en la mediatriz del segmento AC.

⟨1⟩ Representamos los puntos *A*, *B* y *C* en un sistema de referencia, para ver la situación.

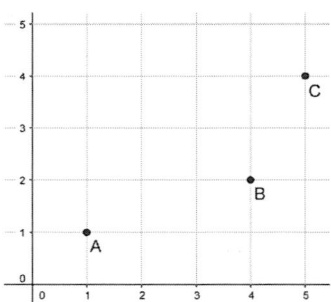

⟨14⟩ Por tanto, tenemos el sistema:

$$\begin{cases} 3x + y = 9 \\ 4x + 3y = 19,5 \end{cases}$$

La solución es *x* = 1,5 e *y* = 4,5, como habíamos adelantado.

⟨6⟩ De este modo, estamos en la situación mostrada en el gráfico.

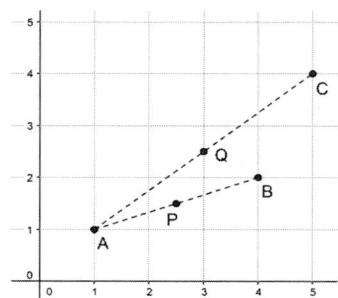

⟨4⟩ Por tanto, las coordenadas del punto *H* se pueden obtener haciendo la intersección de las dos mediatrices mencionadas.

⟨15⟩ El punto buscado es: *H* = (1,5; 4,5)

⟨10⟩ Para ello, vamos a obtener las ecuaciones de las dos mediatrices, comenzando por la del segmento *AB*.

8 En el gráfico se pueden ver las dos mediatrices trazadas y el punto H.

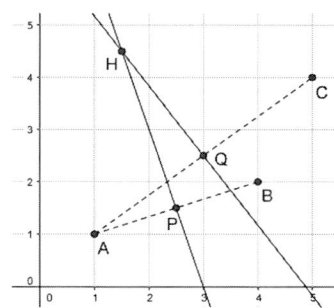

> Para producir x litros de aceite lubricante, una fábrica invierte la cantidad de euros dada por la expresión $f(x) = 10^{-6}x^3 - 0,03x^2 + 226,7x$. ¿Cuántos litros de aceite lubricante debe fabricar para que el coste por litro sea lo menor posible? ¿Cuál es el coste de cada litro de aceite lubricante fabricado si se produce esta cantidad de litros?

5 En consecuencia, el mínimo se encuentra en:

$$V_x = \frac{-b}{2a} = \frac{0,03}{2 \cdot 10^{-6}} = 15\,000$$

☐ En consecuencia, tenemos que:

$$g(x) = 10^{-6}x^4 - 0,03x^3 + 226,7x^2$$

3 Sustituyendo y operando, se sigue que:

$$g(x) = \frac{10^{-6}x^3 - 0,03x^2 + 226,7x}{x} \rightarrow$$
$$g(x) = 10^{-6}x^2 - 0,03x + 226,7$$

1 Llamamos $g(x)$ a la función que permite indicar el precio de cada litro de aceite lubricante fabricado, dependiendo de la cantidad de litros que se elaboren.

☐ Para ello, sustituimos y operamos en la expresión de $f(x)$, resultando:

$$g(15\,000) = 10^{-6} \cdot 15\,000^3 - 0,03 \cdot 15\,000^2 + 226,7 \cdot 15\,000 = 25\,500$$

8 Para que el coste de cada litro de aceite lubricante elaborado sea lo menor posible, hay que fabricar 15 000 L. En este caso, el coste de cada litro es de 1,70 €.

☐ Como vemos, se trata de una función de cuarto grado cuyo coeficiente principal es positivo, por lo que el mínimo se encuentra en la abscisa del vértice.

6 Calculamos ahora el coste de cada litro, suponiendo que se fabrican 15 000 L.

☐ Entonces, para obtener el precio de cada litro fabricado, a partir de la expresión de $f(x)$, hay que multiplicar, resultando: $g(x) = x \cdot f(x)$

2 Entonces, teniendo en cuenta que $f(x)$ representa el coste total de producir x litros de aceite lubricante, para obtener el precio de cada litro fabricado hay que dividir, resultando:

$$g(x) = \frac{f(x)}{x}$$

☐ Calculamos ahora el coste correspondiente a la fabricación de 15 000 L.

☐ Para que el coste de cada litro de aceite lubricante elaborado sea lo menor posible, hay que fabricar 15 000 L. En este caso, el coste total es de 25 500 €.

7 Para ello, sustituimos y operamos en la expresión de $g(x)$, resultando:

$$g(15\ 000) = 10^{-6} \cdot 15\ 000^2 - 0,03 \cdot 15\ 000 + 226,7 = 1,7$$

4 Como vemos, se trata de una función cuadrática cuyo coeficiente principal es positivo, por lo que el mínimo se encuentra en la abscisa del vértice.

➤ Una urna, *A*, contiene siete bolas naranjas y tres verdes, y otra urna, *B*, está ocupada por tres bolas naranjas y seis verdes. Se extrae, al azar, una bola de la urna *A* y, sin mirar su color, se introduce en la urna *B*. A continuación, se extrae, al azar, una bola de la urna *B*. ¿Cuál es la probabilidad de que esta bola sea naranja?

[5] Si, por el contrario, la bola extraída de la urna *A* fuera verde, entonces, después de introducir esta bola en la urna *B*, en ella habría tres bolas naranjas y siete verdes.

[2] Con esta notación, teniendo en cuenta la composición de la urna *A*, podemos asignar estas probabilidades:

$$P(N_1) = \frac{7}{10}$$

$$P(V_1) = \frac{3}{10}$$

☐ Si, por el contrario, la bola extraída de la urna *A* fuera verde, entonces, después de introducir esta bola en la urna *B*, en ella habría seis bolas naranjas y cuatro verdes.

[7] Para esquematizar toda la información anterior, podemos utilizar este diagrama de árbol:

☐ Sumando las ramas del árbol, resulta:

$$P(N_2) = \frac{7}{10} \cdot \frac{3}{10} + \frac{2}{5} \cdot \frac{3}{10} = \frac{21}{100} + \frac{6}{50} = \frac{21}{100} + \frac{12}{100} = \frac{33}{100} = 0,33$$

[9] La probabilidad de que la bola extraída de la urna *B* sea naranja es igual a 0,37.

[4] En consecuencia, la probabilidad de sacar una bola naranja de la urna *B*, suponiendo que la bola extraída de la urna *A* también era naranja, es:

$$P\left(N_2 / N_1\right) = \frac{4}{10} = \frac{2}{5}$$

☐ La probabilidad de que la bola extraída de la urna B sea naranja es igual a 0,33.

6 Por tanto, la probabilidad de extraer una bola naranja de la urna B, suponiendo que la bola de la urna A era verde, es:

$$P\left(N_2\Big/V_1\right)=\frac{3}{10}$$

☐ Con esta notación, teniendo en cuenta la composición de la urna A, podemos asignar estas probabilidades:

$$P(N_1)=\frac{3}{10}$$

$$P(V_1)=\frac{7}{10}$$

8 Sumando las ramas del árbol, resulta:

$$P(N_2)=\frac{7}{10}\cdot\frac{2}{5}+\frac{3}{10}\cdot\frac{3}{10}=\frac{14}{50}+\frac{9}{100}=\frac{28}{100}+\frac{9}{100}=\frac{37}{100}=0,37$$

1 Consideramos los siguientes sucesos:

N_1 = {La bola extraída de la urna A es naranja}

V_1 = {La bola extraída de la urna A es verde}

N_2 = {La bola extraída de la urna B es naranja}

☐ El dato pedido es la resta: 0,37 − 0,33 = 0,04

☐ En consecuencia, tenemos las siguientes probabilidades condicionadas:

$$P\left(N_2\Big/N_1\right)=\frac{3}{10}$$

$$P\left(N_2\Big/V_1\right)=\frac{4}{10}=\frac{2}{5}$$

3 Supongamos, por un momento, que la bola extraída de la urna A fuera naranja (lo cual sucede con probabilidad 7/10, como hemos dicho). Entonces, después de introducir esta bola en la urna B, en ella habría cuatro bolas naranjas y seis verdes.

15. Los siguientes enunciados son claramente falsos. Sin embargo, los razonamientos empleados parecen correctos. Localiza el error que hay en cada uno de ellos y explica la causa.

➤ Se verifica que 2 > 4.

Como el número 1 es positivo, se cumple que 1 > 0. Multiplicando cada miembro de esta desigualdad por 12, tenemos que 12 > 0 y, sumando 4 a cada lado, resulta que 16 > 4. Trasponiendo estos números, llegamos a:

$$16 > 4 \rightarrow 1 > \frac{4}{16} \rightarrow \frac{1}{4} > \frac{1}{16}$$

Ahora bien, puesto que $4 = 2^2$ y $16 = 2^4$, sustituyendo en la desigualdad anterior, obtenemos:

$$\frac{1}{2^2} > \frac{1}{2^4}$$

Esta desigualdad es equivalente a esta otra:

$$\left(\frac{1}{2}\right)^2 > \left(\frac{1}{2}\right)^4$$

En consecuencia, tomando logaritmo decimal, queda:

$$\log\left(\frac{1}{2}\right)^2 > \log\left(\frac{1}{2}\right)^4$$

Por las propiedades de los logaritmos, podemos «bajar» los exponentes y colocarlos delante, multiplicando. Así, tenemos:

$$2\log\left(\frac{1}{2}\right) > 4\log\left(\frac{1}{2}\right)$$

Dado que en los dos miembros de esta última desigualdad aparece el logaritmo decimal de 1/2, trasponemos uno de ellos, para poder simplificarlos:

$$2 > \frac{4\log\left(\frac{1}{2}\right)}{\log\left(\frac{1}{2}\right)}$$

Finalmente, cancelamos los logaritmos:

$$2 > \frac{4 \log\left(\frac{1}{2}\right)}{\log\left(\frac{1}{2}\right)} \rightarrow 2 > 4$$

Así, hemos llegado a la desigualdad que queríamos demostrar.

¿Qué paso no es correcto? ¿Por qué?

No es correcto el paso en el que se traspone el logaritmo, porque log(1/2) es negativo. En efecto, al ser 1/2 < 1, tomando logaritmo, resulta que log(1/2) < log1 = 0. Así pues, habría que invertir el sentido de la desigualdad al «pasar dividiendo» el logaritmo.

➢ El número 1 y el número 2 son iguales.

Consideramos dos números distintos de cero, x e y, que sean iguales entre sí, es decir, $x = y$. Multiplicando los dos miembros de esta igualdad por x, resulta:

$$x = y \rightarrow x \cdot x = x \cdot y \rightarrow x^2 = x \cdot y$$

Restando en ambos miembros la expresión y^2, tenemos:

$$x^2 = x \cdot y \rightarrow x^2 - y^2 = x \cdot y - y^2$$

Aplicando la identidad notable $a^2 - b^2 = (a + b)(a - b)$ en el primer miembro y extrayendo y como factor común en el segundo, llegamos a:

$$(x + y)(x - y) = y(x - y)$$

Trasponiendo la expresión $x - y$, se sigue:

$$x + y = \frac{y(x - y)}{x - y}$$

Cancelando, resulta:

$$x + y = \frac{y\,(x - y)}{x - y} \rightarrow x + y = y$$

Ahora bien, como se cumple que $x = y$ (los hemos elegido así desde el principio), sustituyendo en la igualdad anterior y agrupando términos semejantes, tenemos:

$$x + y = y \rightarrow y + y = y \rightarrow 2y = y$$

Finalmente, trasponemos y y simplificamos:

$$2y = y \rightarrow 2 = \frac{y}{y} \rightarrow 2 = 1$$

Así, hemos llegado a la igualdad que queríamos demostrar.

¿Qué paso no es correcto? ¿Por qué?

No es correcto el paso en el que se traspone la expresión $x - y$, ya que es igual a cero, al ser $x = y$. Tengamos en cuenta que dividir por cero es una operación prohibida.

➢ Se verifica que $1 = 5$.

Consideramos la identidad trigonométrica fundamental $\cos^2 x + \text{sen}^2 x = 1$, la cual se verifica para cualquier ángulo x. Trasponiendo el cuadrado del seno y extrayendo la raíz cuadrada, para despejar el coseno, resulta:

$$\cos^2 x + \text{sen}^2 x = 1 \rightarrow \cos^2 x = 1 - \text{sen}^2 x \rightarrow \cos x = \sqrt{1 - \text{sen}^2 x}$$

A continuación, sumamos 1 a cada miembro de esta última igualdad:

$$1 + \cos x = 1 + \sqrt{1 - \text{sen}^2 x}$$

Seguidamente, elevamos al cuadrado ambos miembros y desarrollamos, utilizando la conocida identidad notable:

$$\left(1 + \cos x\right)^2 = \left(1 + \sqrt{1 - \text{sen}^2 x}\right)^2 \rightarrow 1 + 2\cos x + \cos^2 x = 1 + 2\sqrt{1 - \text{sen}^2 x} + \left(\sqrt{1 - \text{sen}^2 x}\right)^2$$

Cancelando el 1 que está en cada miembro y simplificando la raíz cuadrada con el cuadrado, tenemos:

$$2\cos x + \cos^2 x = 2\sqrt{1 - \text{sen}^2 x} + 1 - \text{sen}^2 x$$

Extrayendo el coseno como factor común en el primer miembro, llegamos a:

$$\cos x \cdot (2 + \cos x) = 2\sqrt{1 - \text{sen}^2 x} + 1 - \text{sen}^2 x$$

Ahora bien, como esta igualdad es válida para cualquier ángulo x, como ya habíamos indicado al principio, en particular debe serlo para $x = 180°$. En consecuencia, sustituyendo x por $180°$, resulta:

$$\cos 180° \cdot (2 + \cos 180°) = 2\sqrt{1 - \text{sen}^2 180°} + 1 - \text{sen}^2 180°$$

Teniendo en cuenta que $\text{sen} 180° = 0$ y que $\cos 180° = -1$, la anterior igualdad se convierte en esta otra:

$$-1 \cdot [2 + (-1)] = 2\sqrt{1 - 0^2} + 1 - 0^2$$

Realizando las operaciones indicadas, se sigue:

$$-1 \cdot [2 + (-1)] = 2\sqrt{1 - 0^2} + 1 - 0^2 \rightarrow -1 \cdot 1 = 2\sqrt{1} + 1 \rightarrow -1 = 2 + 1 \rightarrow -1 = 3$$

Finalmente, sumando 2 a cada miembro, llegamos a la igualdad que pretendíamos demostrar:

$$-1 = 3 \rightarrow -1 + 2 = 3 + 2 \rightarrow 1 = 5$$

¿Qué paso no es correcto? ¿Por qué?

No es correcto el paso en el que se extrae la raíz cuadrada de $1 - \text{sen}^2 x$ para despejar el coseno, porque se descarta la posibilidad de que el coseno del ángulo x sea negativo, como sucede precisamente con el ángulo $180°$. Lo correcto sería colocar un «más/menos» delante de la raíz, quedando:

$$\cos x = \pm\sqrt{1 - \text{sen}^2 x}$$

A partir de esta igualdad, no se llegaría a ninguna situación contradictoria.

16. La resolución de este problema es incorrecta. Identifica el error, explica las causas e indica cómo sería la resolución correcta.

> Para rellenar un boleto de la Lotería Primitiva, hay que marcar seis números de la lista formada por los números del 1 al 49. ¿Cuántos boletos distintos de la Lotería Primitiva se pueden rellenar? ¿Cuál es la probabilidad de acertar los seis números de este sorteo?

Imaginemos que vamos marcando, uno a uno, los seis números que queramos del boleto de la Lotería Primitiva. Entonces, para el primer número podemos elegir cualquiera de los 49 de la lista, por lo que hay 49 posibilidades.

A continuación, una vez marcado el primer número, para elegir el segundo disponemos de 48 opciones, puesto que no se puede marcar dos veces el mismo número. Así pues, aplicando el principio del producto, resulta que podemos seleccionar los dos primeros números de 2352 maneras distintas, ya que $49 \cdot 48 = 2352$.

Del mismo modo, cuando ya se han marcado los dos primeros números, se puede elegir el tercero de entre los 47 que siguen sin marcar, por lo que hay 47 posibilidades. Aplicando nuevamente el principio del producto, podemos hallar la cantidad de maneras distintas que hay de elegir los tres primeros números, resultando: $49 \cdot 48 \cdot 47 = 2352 \cdot 47 = 110\,544$

Reiterando el razonamiento, podemos ver que, para marcar el cuarto número, se dispone de 46 opciones; para el quinto, de 45, y para el sexto, de 44. En consecuencia, aplicando varias veces el principio del producto, resulta que la cantidad de boletos distintos de la Lotería Primitiva que se pueden rellenar es: $49 \cdot 48 \cdot 47 \cdot 46 \cdot 45 \cdot 44 = 10\,068\,347\,520$

Abordamos ahora la segunda parte del problema. Para ello, aplicamos la regla de Laplace, teniendo en cuenta que el número de casos posibles coincide con la cantidad de boletos distintos de la Lotería Primitiva que se pueden rellenar (antes calculado) y que hay un único caso favorable, ya que solo uno de los boletos que se pueden rellenar tiene marcados los seis números que salgan en el sorteo. Por tanto, la probabilidad buscada es:

$$P(\text{Acertar los seis números}) = \frac{1}{10\,068\,347\,520} \approx 0{,}000000000099321$$

Solución: se pueden rellenar 10 068 347 520 boletos distintos de la Lotería Primitiva. La probabilidad de acertar los seis números de la Lotería Primitiva es igual a 0,000000000099321.

¿Dónde está el fallo? ¿Por qué? ¿Cuál sería la forma correcta de resolverlo?

El fallo está en que no se ha tenido en cuenta que el orden a la hora de elegir los números no importa. Por ejemplo, si en un boleto de la Lotería Primitiva están marcados los números 1 y 2, no importa que se haya seleccionado primero el 1 y luego el 2, o al revés, pues el resultado es el mismo: los dos números están marcados. Lo mismo sucede con cualquier otra pareja de números y, en general, con los seis números marcados en el boleto.

Para resolver el problema correctamente no hay que usar el principio del producto, lo que da lugar a variaciones sin repetición, sino las combinaciones de 49 elementos tomados de 6 en 6. De este modo, el resultado es:

$$\binom{49}{6} = \frac{49!}{6!(49-6)!} = \frac{49!}{6! \cdot 43!} = \frac{49 \cdot 48 \cdot 47 \cdot 46 \cdot 45 \cdot 44 \cdot \cancel{43!}}{6! \cdot \cancel{43!}} = 13\,983\,816$$

Así pues, se pueden rellenar 13 983 816 boletos distintos de la Lotería Primitiva. Por tanto, la probabilidad de acertar los seis números es:

$$\frac{1}{13\,983\,816} \simeq 0,000000071511$$

17. Analiza el enunciado y la resolución de los siguientes problemas. Completa lo que falta en cada caso.

➤ En un cine hay *288* butacas, colocadas en filas de la misma longitud. La cantidad de butacas que hay en cada fila es *inferior* en *dos* unidades al *número de filas*. ¿Cuántas filas tiene el cine? ¿Cuántas butacas hay en cada una?

Llamamos x al número de filas que tiene el cine. Entonces, la cantidad de butacas que hay en cada una de ellas viene dada por la expresión $x - 2$, ya que esta cantidad es inferior en dos unidades al número de filas.

Así pues, es posible representar el número de butacas del cine mediante el producto:

$x(x - 2)$

Ahora bien, teniendo en cuenta cuántas butacas hay, obtenemos la igualdad:

$x(x-2) = 288$

(Se trata de una ecuación de segundo grado)

Resolviéndola, resulta:

$$x(x-2) = 288 \rightarrow x^2 - 2x - 288 = 0 \rightarrow x = \frac{2 \pm \sqrt{(-2)^2 - 4 \cdot (-288)}}{2} =$$

$$= \frac{2 \pm \sqrt{4 + 1152}}{2} \rightarrow x = \frac{2 \pm \sqrt{1156}}{2} = \frac{2 \pm 34}{2} \rightarrow \begin{cases} x = 18 \\ x = -16 \end{cases}$$

La solución $x = -16$ no es válida, pues no tiene sentido considerar una cantidad negativa de filas, así que la descartamos.

Finalmente, hallamos el número de butacas que hay en cada fila:

$18 - 2 = 16$

Solución: el cine tiene _18_ filas, en cada una de las cuales hay _16_ butacas.

➤ En una clase de 4.º de ESO, hay _21_ estudiantes que llevan pendiente, entre chicos y chicas. Las chicas llevan un pendiente en cada _oreja_, y los chicos, _uno_. En total, hay _38_ pendientes. ¿Cuántas chicas y cuántos chicos hay en esta clase que llevan pendiente?

Llamamos x e y al número de chicas y chicos, respectivamente, que llevan pendiente.

Dado que hay un total de 21 estudiantes, entre chicos y chicas, que llevan pendiente, tenemos la ecuación:

$x + y = 21$

Por otro lado, como las chicas llevan un pendiente en cada oreja, el número total de pendientes que llevan las chicas se puede expresar como _2x_.

Asimismo, puesto que los chicos que llevan pendiente solo tienen uno, la cantidad de pendientes que llevan los chicos se expresa por _y_.

Ahora bien, como el número total de pendientes es 38, tenemos la ecuación:

$2x + y = 38$

Considerando las dos ecuaciones de manera conjunta, obtenemos el sistema:

$$\begin{cases} x + y = 21 \\ 2x + y = 38 \end{cases}$$

Resolviéndolo por el método de reducción, resulta:

$$\begin{cases} x + y = 21 \\ 2x + y = 38 \end{cases} \rightarrow \begin{cases} -x - y = -21 \\ 2x + y = 38 \end{cases}$$

$$2x - x = 38 - 21 \rightarrow x = 17$$

$$y = 38 - 2x \rightarrow y = 38 - 2 \cdot 17 \rightarrow y = 4$$

Solución: en esta clase, hay _17_ chicas y _cuatro_ chicos que llevan pendiente.

➤ Calcula la _apotema_ de una plaza con forma de _octógono_ regular cuyo _lado_ mide _14_ m. ¿Cuál es _la superficie_ de esta plaza?

En primer lugar, realizamos un dibujo que incluya el dato conocido y el desconocido, que denotamos por a.

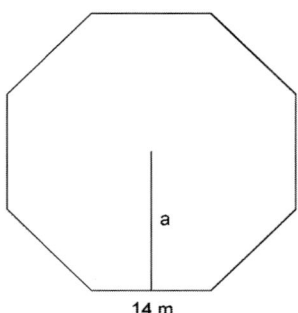

14 m

Ahora, trazando un radio del octógono regular y teniendo en cuenta que la apotema divide al lado en dos partes *iguales*, podemos considerar el siguiente triángulo rectángulo, en el que aparece señalado un ángulo agudo con la letra α.

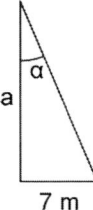

Por otro lado, para calcular el ángulo central correspondiente al lado del octógono, hay que *dividir* los 360° que tiene la circunferencia completa por el número de lados:

360° / 8 = 45°

Así pues, al ser el ángulo α igual a *la mitad* del ángulo obtenido, resulta:

α = *45° / 2 = 22,5°*

De este modo, del triángulo rectángulo anterior conocemos un ángulo agudo y un cateto, y pretendemos determinar el otro cateto, por lo que podemos usar la definición de *la tangente*, que es la razón trigonométrica que relaciona estos tres elementos. Aplicando esta definición, despejando el dato desconocido y operando, resulta:

$$tg\,22{,}5° = \frac{7}{a} \rightarrow a = \frac{7}{tg\,22{,}5°} \rightarrow a \simeq 16{,}9$$

Finalmente, vamos a calcular la superficie de la plaza octogonal, para lo cual podemos aplicar la fórmula:

$$A = \frac{p \cdot a}{2}$$

Como vemos, falta conocer un dato de esta fórmula, pero podemos hallarlo fácilmente, teniendo en cuenta el dato del enunciado y el número de lados del polígono regular:

p = 14 · 8 = 112

Sustituyendo este resultado en la fórmula y operando, tenemos:

$$A \simeq \frac{112 \cdot 16,9}{2} = 946,4$$

Solución: la _apotema_ de la plaza con forma de _octógono_ regular mide _16,9_ m, y su superficie es de _946,4_ m².

➢ Un triángulo tiene sus vértices en los puntos $A = (2, 0)$, $B = (6, 4)$ y $C = (-2, 8)$, estando los datos expresados en _centímetros_. Calcula la longitud de sus lados. ¿Qué tipo de triángulo es? ¿Por qué? ¿Cuánto mide su perímetro? Halla las coordenadas del _baricentro_ y determina la ecuación general de la _mediana_ correspondiente al vértice A. ¿Qué observas en esta ecuación? ¿A qué se debe?

En primer lugar, representamos los vértices en un sistema de coordenadas cartesianas y los unimos con segmentos rectos, para mostrar el triángulo como se ve en el dibujo (haz el dibujo).

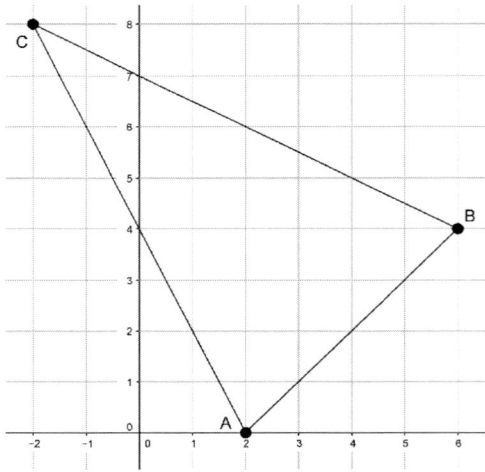

Ahora, para calcular la longitud de los lados, determinamos los vectores $\overrightarrow{AB}$, $\overrightarrow{BC}$ y $\overrightarrow{AC}$, y hallamos sus respectivos módulos:

$$\overrightarrow{AB} = B - A = (6,4) - (2,0) = (4,4) \rightarrow |\overrightarrow{AB}| = \sqrt{4^2 + 4^2} = \sqrt{32} \simeq 5,66$$

$$\overrightarrow{BC} = C - B = (-2,8) - (6,4) = (-8,4) \rightarrow |\overrightarrow{BC}| = \sqrt{(-8)^2 + 4^2} = \sqrt{80} \simeq 8,94$$

$$\overrightarrow{AC} = C - A = (-2,8) - (2,0) = (-4,8) \rightarrow |\overrightarrow{AC}| = \sqrt{(-4)^2 + 8^2} = \sqrt{80} \simeq 8,94$$

Así pues, es un triángulo *isósceles*, porque tiene *dos lados iguales*.

Para determinar el perímetro, tenemos que *sumar* las longitudes de *los lados*:

$$p = \sqrt{32} + \sqrt{80} + \sqrt{80} \approx 5,66 + 8,94 + 8,94 = 23,54$$

A continuación, hallamos las coordenadas del baricentro, *H*, para lo cual hay que calcular *la media aritmética* de las coordenadas de los vértices:

$$H = \frac{A+B+C}{3} = \frac{(2,0)+(6,4)+(-2,8)}{3} = \frac{(6,12)}{3} = (2,4)$$

Por último, determinamos la ecuación general de la mediana correspondiente al vértice *A*, que es la recta que pasa por *A* y por *H*. Utilizando la ecuación de la recta que pasa por dos puntos y transformándola en la ecuación general, resulta:

$$\frac{x-2}{2-2} = \frac{y-0}{4-0} \rightarrow \frac{x-2}{0} = \frac{y}{4} \rightarrow x-2=0 \rightarrow x=2$$

Se observa que la ecuación general no tiene *la variable y*, lo cual es debido a que se trata de una recta *vertical*.

Solución: los lados del triángulo miden aproximadamente *5,66 cm, 8,94 cm* y *8,94 cm*, por lo que se trata de un triángulo *isósceles*, ya que *dos lados* tienen *la misma longitud*. Su perímetro mide *23,54 cm*. El baricentro está situado en el punto de coordenadas *(2, 4)*, y la ecuación general de la mediana correspondiente al vértice *A* es *x = 2*. Esta ecuación no tiene *la variable y*, porque se corresponde con una recta *vertical*.

➢ Matías y Sara tienen un dado en cuyas caras aparecen los números *−3*, *−2*, *−1*, *+1*, *+2* y *+3*. Lo lanza una vez cada uno y multiplican las dos puntuaciones obtenidas. Si el resultado es negativo, gana Matías; si es positivo, gana Sara. ¿Es un juego equitativo? ¿Por qué?

Para comprobar si es un juego *equitativo* hay que calcular la probabilidad que tiene cada uno de ganar. Si estas dos probabilidades son iguales, el juego es *equitativo*; si no, no lo es. Ahora bien, para hallar las probabilidades mencionadas, en primer lugar vamos a escribir el espacio *muestral*, para lo cual nos ayudamos de la siguiente tabla de doble entrada, en la que escribimos los posibles resultados del lanzamiento de cada dado y el valor del producto de las dos puntuaciones obtenidas.

	−3	**−2**	**−1**	**+1**	**+2**	**+3**
−3	*+9*	*+6*	*+3*	*−3*	*−6*	*−9*
−2	*+6*	*+4*	*+2*	*−2*	*−4*	*−6*
−1	*+3*	*+2*	*+1*	*−1*	*−2*	*−3*
+1	*−3*	*−2*	*−1*	*+1*	*+2*	*+3*
+2	*−6*	*−4*	*−2*	*+2*	*+4*	*+6*
+3	*−9*	*−6*	*−3*	*+3*	*+6*	*+9*

Como se puede ver, hay un total de <u>36</u> resultados, de los que <u>18</u> son positivos y <u>18</u> negativos, así que sus probabilidades son:

$$P(resultado\ positivo) = \frac{18}{36} = \frac{1}{2}$$

$$P(resultado\ negativo) = \frac{18}{36} = \frac{1}{2}$$

Solución: <u>sí</u> es un juego equitativo, porque la probabilidad que tiene Matías de ganar y la que tiene Sara son <u>iguales</u>.

➤ Para conseguir un pleno al 15 en una quiniela hay que acertar los 15 resultados de los partidos de fútbol correspondientes, marcando los símbolos «1», «X» y «2». El «1» significa que gana el equipo que juega en casa; la «X», que se produce un empate, y el «2», que gana el equipo visitante. ¿Cuántas quinielas distintas se pueden rellenar? ¿Cuál es la probabilidad de conseguir un pleno al 15?

Imaginemos que vamos rellenando, uno a uno, los partidos de fútbol presentes en la quiniela.

Para el primer partido, podemos colocar cualquiera de los <u>tres</u> símbolos: «1», «X» y «2».

Del mismo modo, para el segundo partido hay <u>tres</u> posibilidades. Por tanto, aplicando el principio <u>del producto</u>, podemos asegurar que hay <u>nueve</u> maneras distintas de rellenar los resultados de los dos primeros partidos, porque <u>3 · 3 = 9</u>.

Generalizando este razonamiento, como hay _tres_ posibilidades para cada uno de los _15_ partidos, resulta que el número de quinielas distintas que se pueden rellenar viene dado por la potencia 3^{15}, cuyo valor es _14 348 907_.

Por último, para calcular la probabilidad de conseguir un pleno al 15, hay que tener en cuenta que hay un solo resultado favorable, frente a _14 348 907_ posibles, por lo que, aplicando la regla _de Laplace_, resulta:

$$P(conseguir\ un\ pleno\ al\ 15) = \frac{1}{14\,348\,907} \approx 0,0000000696917$$

(Expresando el resultado con 13 decimales, sin usar la notación científica)

Solución: se pueden rellenar _14 348 907_ quinielas distintas. La probabilidad de conseguir un pleno al 15 es, aproximadamente, _0,0000000696917_.

PARA RESOLVER EL PROBLEMA PASO A PASO Y COMPROBAR LA SOLUCIÓN

18. Resuelve los siguientes problemas siguiendo los pasos indicados.

➢ En un ensayo clínico para probar la eficacia de dos tratamientos anti-bacterianos, un grupo de pacientes recibió el fármaco A, y otro grupo, el fármaco B. Los pacientes que tomaron el fármaco A redujeron, cada día, la presencia de la bacteria a la quinta parte, y los que tomaron el fármaco B, a la mitad. Al inicio del ensayo, cada paciente estaba infectado por 50 millones de individuos bacterianos y, al cabo de varios días, los pacientes tratados con el fármaco B tenían 390 625 de estas bacterias en su organismo. ¿Cuántas de estas bacterias tenían en ese momento los pacientes que tomaron el fármaco A?

1. Denotamos por x el número de días transcurridos desde que se inició el ensayo. ¿Cómo se expresa, en función de la letra x, la cantidad de estas bacterias que cada día tenían los pacientes tratados con el fármaco A?

Mediante la expresión: $50\ 000\ 000 \cdot \left(\dfrac{1}{5}\right)^x$

2. ¿Y las que tenían los pacientes que tomaron el fármaco B?

Con la expresión: $50\ 000\ 000 \cdot \left(\dfrac{1}{2}\right)^x$

3. Teniendo en cuenta la respuesta a la cuestión anterior, ¿qué ecuación hay que plantear para determinar los días que pasaron hasta que los pacientes tratados con el fármaco B llegaron a tener 390 625 de estas bacterias en su organismo?

Hay que plantear la ecuación:

$$50\ 000\ 000 \cdot \left(\dfrac{1}{2}\right)^x = 390\ 625$$

4. Resuelve la ecuación, paso a paso.

$$50\ 000\ 000 \cdot \left(\dfrac{1}{2}\right)^x = 390\ 625 \rightarrow \dfrac{50\ 000\ 000}{390\ 625} = 2^x \rightarrow$$

$$2^x = 128 \rightarrow 2^x = 2^7 \rightarrow x = 7$$

5. ¿Qué significa la solución de esta ecuación?

   Significa que los pacientes que tomaron el fármaco B tardaron siete días en tener 390 625 bacterias en su organismo.

6. Observa las respuestas a las cuestiones 1 y 5. ¿Qué hay que hacer para calcular el número de bacterias que tenían en ese momento los pacientes tratados con el fármaco A?

   Hay que sustituir x por 7 en esta expresión:

   $$50\ 000\ 000 \cdot \left(\frac{1}{5}\right)^{x}$$

   Y, a continuación, efectuar las operaciones.

7. Lleva a cabo la acción indicada en la respuesta a la cuestión anterior.

   $$50\ 000\ 000 \cdot \left(\frac{1}{5}\right)^{7} = \frac{50\ 000\ 000}{5^{7}} = 640$$

8. ¿Qué tipo de número se ha obtenido? ¿Tiene sentido una solución al problema expresada mediante este tipo de número? ¿Y si se hubiera obtenido otro tipo de número como solución? Argumenta la respuesta.

   El número obtenido es natural. Tiene sentido que la solución se exprese mediante un número natural, y no por otro tipo de número, porque se trata de una cantidad de bacterias.

9. Responde a la pregunta.

   En ese momento, los pacientes que tomaron el fármaco A tenían 640 de estas bacterias.

➤ Una entidad bancaria ofrece un depósito con un interés del 1,65 % anual durante un periodo de 10 meses. Sin embargo, si el cliente que lo contrate lo cancela antes del vencimiento, el banco le cobrará una penalización del 0,25 % anual sobre el capital depositado, por el periodo que medie entre la fecha de la cancelación anticipada y la del vencimiento. ¿Cuántos días, como mínimo, hay que mantener el depósito para no perder dinero al cancelarlo anticipadamente?

1. Escribe la fórmula que permite calcular el interés generado en un día por un capital C, colocado a un r % anual. Argumenta la respuesta. Ten en cuenta que, a estos efectos, se considera que un año tiene 360 días, en lugar de 365.

   El interés generado en un día se expresa por:

   $$I = \frac{C \cdot r}{36\ 000}$$

   Es así porque hay que dividir entre 360 el interés correspondiente a un año, que viene dado por la fórmula:

   $$I = \frac{C \cdot r}{100}$$

2. Representamos por x el número de días transcurridos desde que se contrata el depósito hasta que se cancela anticipadamente. ¿Cómo se puede expresar el interés generado por el depósito, en función de la letra x? Razona la respuesta.

   Aplicando la fórmula obtenida en la cuestión anterior y teniendo en cuenta el porcentaje ofrecido por la entidad bancaria, el interés generado por el depósito en x días viene dado por:

   $$I = \frac{C \cdot 1{,}65 \cdot x}{36\ 000}$$

3. ¿Cómo se expresa, en función de la letra x, el número de días que hay entre la cancelación anticipada y el vencimiento acordado? Ten en cuenta que, a estos efectos, se considera que un mes tiene 30 días.

   El vencimiento se produce al cabo de 10 meses, que se corresponden con 300 días, pues $10 \cdot 30 = 300$. Así pues, el número de días que hay entre la cancelación anticipada y el vencimiento se expresa por $300 - x$.

4. Teniendo en cuenta la respuesta a la cuestión 1, ¿cómo se expresa la penalización que aplica el banco cada día?

   Se expresa por: $P = \frac{C \cdot 0{,}25}{36\ 000}$

5. Considerando las respuestas a las dos últimas cuestiones, expresa, en función de *x*, la penalización total que aplica el banco por cancelar el depósito anticipadamente. Justifica la respuesta.

Para expresar la penalización total que aplica el banco, hay que multiplicar la de un día por el número de días. Así, resulta:

$$P = \frac{C \cdot 0,25 \cdot (300 - x)}{36\ 000}$$

6. Observa las respuestas a las cuestiones 2 y 5. ¿Qué relación debe haber entre ambas para que el cliente que cancele el depósito anticipadamente no pierda dinero? ¿En qué inecuación se traduce esta relación?

Debe ocurrir que el interés sea mayor o igual que la penalización, lo cual se traduce en la siguiente inecuación:

$$\frac{C \cdot 1,65 \cdot x}{36\ 000} \geq \frac{C \cdot 0,25 \cdot (300 - x)}{36\ 000}$$

7. Resuelve la inecuación.

$$\frac{\cancel{C} \cdot 1,65 \cdot x}{\cancel{36\ 000}} \geq \frac{\cancel{C} \cdot 0,25 \cdot (300 - x)}{\cancel{36\ 000}} \rightarrow$$

$$1,65x \geq 75 - 0,25x \rightarrow 1,9x \geq 75 \rightarrow x \geq 39,47$$

8. ¿Qué tipo de número debe ser la solución del problema? ¿Por qué?

Debe ser un número natural, porque se corresponde con una cantidad de días.

9. Entonces, ¿de qué número se trata? ¿Por qué?

Se trata del número 40, porque es el número natural más pequeño que cumple la inecuación.

10. Contesta a la pregunta planteada en el enunciado.

Para no perder dinero al cancelarlo anticipadamente, hay que mantener el depósito un mínimo de 40 días.

➤ Carmen trabaja en una tienda de moda y complementos. Tiene un sueldo fijo de 756 € mensuales, más un incentivo de 12 € por cada ocho artículos que venda. Sin embargo, la empresa le exige una venta mínima de 100 artículos cada mes, los cuales no tienen incentivo. ¿Cuál es el mínimo y cuál es el máximo de artículos que Carmen debe vender en un mes para ganar 1200 €?

1. Denotamos por x la cantidad de artículos que Carmen vende en un mes. ¿Cómo se puede expresar el número de artículos que tienen incentivo, considerando que los 100 primeros no lo tienen?

Mediante la expresión $x - 100$, suponiendo que $x \geq 100$.

2. Usa la *parte entera de un número* para expresar la cantidad de incentivos de 12 € que Carmen recibe por la venta de x artículos en un mes, teniendo en cuenta la respuesta a la cuestión anterior y el hecho de que Carmen recibe un incentivo por cada ocho artículos que venda, a partir de 100, que es el mínimo que le pide la empresa.

La cantidad de incentivos de 12 € que Carmen recibe por la venta de x artículos en un mes, siendo $x \geq 100$, viene dada por la expresión:

$$Ent\left(\frac{x - 100}{8}\right)$$

3. Entonces, ¿cómo se puede expresar la cantidad que Carmen recibe como incentivo por las ventas realizadas en un mes, en función de la letra x?

Mediante la expresión:

$$12 \cdot Ent\left(\frac{x - 100}{8}\right)$$

4. ¿Y los ingresos mensuales totales de Carmen?

Por la expresión:

$$756 + 12 \cdot Ent\left(\frac{x - 100}{8}\right)$$

5. En consecuencia, ¿qué ecuación resulta al imponer la condición de que los ingresos de Carmen sean de 1200 € en un mes?

   Resulta la ecuación:

   $$756 + 12 \cdot Ent\left(\frac{x-100}{8}\right) = 1200$$

6. Aísla la *parte entera* en la ecuación anterior y realiza las operaciones correspondientes en el otro miembro.

   $$756 + 12 \cdot Ent\left(\frac{x-100}{8}\right) = 1200 \rightarrow Ent\left(\frac{x-100}{8}\right) = \frac{1200-756}{12} \rightarrow Ent\left(\frac{x-100}{8}\right) = 37$$

7. ¿Qué tiene que suceder con la expresión que se encuentra «dentro» de la *parte entera* para que se cumpla la igualdad obtenida en la cuestión anterior?

   Tiene que suceder que el valor de la expresión que está «dentro» de la parte entera esté comprendido entre 37 y 38, sin llegar a este número.

8. Entonces, ¿qué sistema de inecuaciones se obtiene a partir de las respuestas a las dos últimas cuestiones?

   Se obtiene el sistema:

   $$\begin{cases} \dfrac{x-100}{8} \geq 37 \\[3mm] \dfrac{x-100}{8} < 38 \end{cases}$$

9. Resuelve paso a paso el sistema de inecuaciones.

   $$\begin{cases} \dfrac{x-100}{8} \geq 37 \\[3mm] \dfrac{x-100}{8} < 38 \end{cases} \rightarrow \begin{cases} x-100 \geq 296 \\ x-100 < 304 \end{cases} \rightarrow \begin{cases} x \geq 396 \\ x < 404 \end{cases} \rightarrow 396 \leq x < 404$$

10. Observa el resultado obtenido en la cuestión anterior. ¿Cuál es el número máximo de artículos que Carmen debe vender para que su sueldo sea de 1200 €? Argumenta la respuesta.

   El número máximo de artículos que Carmen debe vender es 403, ya que no puede llegar a 404 y debe ser un número natural.

11. Responde a la pregunta formulada en el enunciado.

   Para ganar 1200 € en un mes, Carmen debe vender un mínimo de 396 artículos y un máximo de 403.

12. ¿Tendría sentido que alguno de los resultados obtenidos fuera un número decimal? ¿Por qué?

   No tendría sentido, porque la cantidad de artículos vendidos debe ser un número natural.

➢ El problema anterior se ha resuelto utilizando una incógnita, la *parte entera* de una expresión algebraica, una ecuación y un sistema de inecuaciones. Sin embargo, es posible llegar a la solución utilizando un procedimiento distinto. Sigue los pasos indicados para resolverlo de este otro modo.

1. Si Carmen gana 1200 € en un mes, ¿qué cantidad se corresponde con los incentivos, teniendo en cuenta que cobra una parte fija de 756 € mensuales?

   Con los incentivos se corresponde la diferencia: 1200 – 756 = 444 €

2. Entonces, ¿cuántos incentivos de 12 € cobra Carmen ese mes? ¿Por qué?

   Ese mes Carmen cobra 37 incentivos de 12 €, porque 444 / 12 = 37.

3. Vamos a llamar «artículos extras» a los que excedan de los 100 que Carmen debe vender en un mes, como mínimo. Como Carmen recibe un incentivo de 12 € por cada ocho artículos extras que venda, es posible hallar el número mínimo de artículos extras que Carmen debe vender para conseguir la cantidad de incentivos obtenida en la cuestión anterior. Indica qué operación hay que realizar para ello y efectúala.

   Hay que realizar una multiplicación. El resultado es: 37 · 8 = 296

4. En consecuencia, ¿cuál es el número mínimo de artículos que Carmen debe vender en un mes para ganar 1200 €, contando también los 100 primeros, que no tienen incentivo?

Carmen debe vender un mínimo de 396 artículos, pues 296 + 100 = 396.

5. ¿Y el máximo? Argumenta la respuesta.

El número máximo de artículos que Carmen debe vender es 403, que es el resultado de sumar 7 al mínimo antes calculado. Si se sumara una cantidad igual o superior a ocho artículos, Carmen recibiría más de 37 incentivos de 12 €.

6. Contesta nuevamente a la pregunta formulada en el enunciado.

Para ganar 1200 € en un mes, Carmen debe vender un mínimo de 396 artículos y un máximo de 403.

➢ El perímetro de un triángulo rectángulo es igual a 72 cm, y la hipotenusa mide 6 cm más que uno de los catetos. ¿Cuál es la longitud de los lados del triángulo?

1. Representamos el cateto aludido en el enunciado por la letra x. Con esta notación, ¿cómo se expresa la hipotenusa?

Se expresa por $x + 6$.

2. Denotamos el otro cateto por la letra y. Dibuja el triángulo rectángulo y escribe la expresión correspondiente a cada lado.

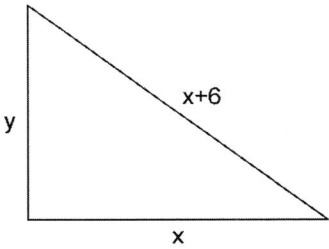

3. ¿Qué ecuación se puede construir teniendo en cuenta el dato relativo al perímetro?

La ecuación: $x + (x + 6) + y = 72$

4. Simplifica esta ecuación, trasponiendo y agrupando términos semejantes.

$$x + (x + 6) + y = 72 \rightarrow 2x + y = 66$$

5. Por otro lado, ¿qué teorema se puede utilizar para relacionar los tres lados del triángulo?

El teorema de Pitágoras.

6. ¿Qué ecuación se puede obtener aplicando este teorema?

La ecuación: $(x + 6)^2 = x^2 + y^2$

7. Realiza las operaciones oportunas para simplificar la ecuación y dejar todas las incógnitas en el primer miembro.

$$(x+6)^2 = x^2 + y^2 \rightarrow \cancel{x^2} + 12x + 36 = \cancel{x^2} + y^2 \rightarrow 12x - y^2 = -36$$

8. Resuelve el sistema que resulta al considerar las dos ecuaciones de manera conjunta.

$$\begin{cases} 2x + y = 66 \\ 12x - y^2 = -36 \end{cases} \rightarrow \begin{cases} 12x + 6y = 396 \\ \underline{-12x + y^2 = 36} \end{cases}$$

$$y^2 + 6y = 432 \rightarrow y^2 + 6y - 432 = 0$$

$$y = \frac{-6 \pm \sqrt{36 + 1728}}{2} = \frac{-6 \pm \sqrt{1764}}{2} = \frac{-6 \pm 42}{2} \rightarrow \begin{cases} y_1 = 18 \\ y_2 = -24 \end{cases}$$

$$x = \frac{66 - y}{2} \rightarrow \begin{cases} x_1 = 24 \\ x_2 = 45 \end{cases}$$

9. ¿Son válidas todas las soluciones del sistema o hay que descartar alguna? ¿Por qué?

No son válidas todas las soluciones. Hay que descartar la solución $x = 45$, $y = -24$, porque una longitud no puede ser negativa.

10. Calcula el dato que falta para poder contestar a la pregunta.

La hipotenusa mide: $24 + 6 = 30$ cm

11. Responde a la pregunta formulada en el enunciado.

Los lados del triángulo miden 18 cm, 24 cm y 30 cm, respectivamente.

➤ Las dos cifras de un número suman 5. Además, la diferencia entre este número y el que resulta al invertir sus cifras es igual a 27. ¿De qué número se trata?

1. Representamos por *x* la primera cifra del número, y por *y*, la segunda. Entonces, ¿qué ecuación se puede construir a partir del primer dato aportado en el enunciado?

La ecuación: $x + y = 5$

2. Con esta notación, ¿cómo se expresa la cantidad de decenas que tiene el número buscado? ¿Por qué?

Se expresa con la letra x, porque x es la primera cifra, y esta se corresponde precisamente con la cantidad de decenas.

3. ¿Y la cantidad de unidades? ¿Por qué?

Se expresa mediante la letra y, por una razón similar a la anterior: la segunda cifra, que es y, indica la cantidad de unidades.

4. Entonces, ¿cómo se puede expresar el número que se quiere hallar en función de *x* e *y*?

Mediante la expresión $10x + y$.

5. ¿Qué relación hay entre las cifras de las decenas y las unidades del número buscado y las correspondientes al número que resulta al invertir sus cifras?

La cifra de las decenas del número buscado coincide con la de las unidades del que resulta al invertir sus cifras. Análogamente, la cifra de las unidades del número que se quiere averiguar es la misma que la de las decenas del número que tiene las cifras invertidas.

6. Entonces, ¿cómo se puede expresar la cantidad de decenas del número que resulta al invertir las cifras del número buscado?

Mediante la letra y.

7. ¿Y la cantidad de unidades?

Con la letra x.

8. En consecuencia, ¿cómo se puede expresar el número que tiene las cifras invertidas, en función de x e y?

Mediante la expresión 10y + x.

9. Según el enunciado, la diferencia entre el número buscado y el que resulta al invertir sus cifras es igual a 27. Teniendo en cuenta las respuestas a las cuestiones 4 y 8, ¿qué ecuación puede utilizarse para describir esta relación?

La ecuación: (10x + y) − (10y + x) = 27

10. Simplifica esta ecuación, agrupando los términos semejantes y dividiendo posteriormente cada término por el máximo común divisor de los coeficientes.

$$(10x + y) - (10y + x) = 27 \rightarrow 9x - 9y = 27 \rightarrow x - y = 3$$

11. Plantea y resuelve el sistema que resulta al considerar las dos ecuaciones obtenidas de manera conjunta.

$$\begin{cases} x + y = 5 \\ x - y = 3 \end{cases} \rightarrow 2x = 8 \rightarrow x = 4$$

$$y = 5 - x \rightarrow y = 5 - 4 \rightarrow y = 1$$

12. Teniendo en cuenta el significado de las letras x e y, ¿cuál sería el número buscado?

Sería el número 41.

13. Comprueba que este número cumple las condiciones exigidas.

La suma de sus cifras es: 4 + 1 = 5

Por otro lado, el número que resulta al invertir sus cifras es 14, y su diferencia es: 41 − 14 = 27

Por tanto, el 41 cumple las condiciones exigidas.

14. Responde a la pregunta planteada en el enunciado.

Se trata del número 41.

➤ Desde un punto *P*, situado a 7 cm de una circunferencia de centro *O* y radio *R* = 3 cm, se traza una recta tangente a la circunferencia en el punto *T*. Calcula la superficie lateral y el volumen del cono que genera el segmento *PT* al girar alrededor del segmento *OP*.

1. Realiza un dibujo que muestre la situación, incluyendo todos los datos del enunciado, y traza la recta *OP*. Señala ángulo $\widehat{OPT}$ en el dibujo y escribe la letra α a su lado. Traza la altura correspondiente al vértice *T*, en el triángulo *OTP*, y coloca la letra *y* junto a ella.

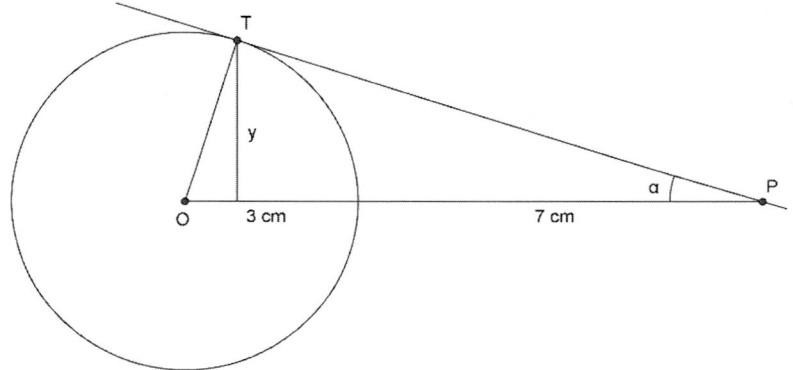

2. ¿Cuánto mide el segmento *OT*? ¿Por qué?

   El segmento OT mide 3 cm, porque es un radio de la circunferencia.

3. ¿Cuánto mide el ángulo $\widehat{OTP}$? Justifica la respuesta.

   El ángulo $\widehat{OTP}$ mide 90°, porque la recta tangente a una circunferencia siempre es perpendicular al radio que une el centro con el punto de tangencia.

4. ¿Cuál es la longitud del segmento *OP*? ¿Por qué?

   La longitud del segmento OP es de 10 cm, porque esta longitud es igual a la suma de la distancia del punto P a la circunferencia y su radio: 7 + 3 = 10

5. Denotamos por *x* la longitud del segmento *PT*. Teniendo en cuenta las respuestas a las cuestiones 2, 3 y 4, ¿qué teorema se puede utilizar para hallar el valor de *x*?

   El teorema de Pitágoras.

6. Aplica este teorema y calcula paso a paso el valor de *x*.

Por el teorema de Pitágoras, tenemos:

$$10^2 = x^2 + 3^2 \rightarrow x^2 = 100 - 9 \rightarrow x^2 = 91 \rightarrow x = \pm\sqrt{91} \rightarrow x = \pm 9,54$$

(Redondeando a dos cifras decimales)

Descartamos la solución negativa, por ser una longitud, y resulta que x = 9,54 cm.

7. Calcula razonadamente el ángulo α, teniendo en cuenta el dibujo y las respuestas a las cuestiones 2, 3 y 6.

Las respuestas a las cuestiones 2, 3 y 6 proporcionan las longitudes de los catetos del triángulo rectángulo OTP. Por tanto, para calcular el ángulo α a partir de estos datos, usamos la definición de la tangente, que es la razón trigonométrica que relaciona un ángulo agudo con los dos catetos. Así, tenemos:

$$tg\alpha = \frac{R}{x} \rightarrow tg\alpha = \frac{3}{9,54} \rightarrow \alpha = arctg\left(\frac{3}{9,54}\right) \rightarrow \alpha = 17,46°$$

8. Determina razonadamente el valor de la letra *y*, teniendo en cuenta el dibujo y las respuestas a las dos cuestiones anteriores.

Como las respuestas a las dos cuestiones anteriores proporcionan los valores de x y α, respectivamente, se trata de relacionar estas dos letras con la letra y. Ahora bien, el segmento y es el cateto opuesto al ángulo α en el triángulo rectángulo cuya hipotenusa mide x, por lo que aplicamos la definición del seno, que es la razón trigonométrica que relaciona estos elementos. De este modo, resulta:

$$sen\,\alpha = \frac{y}{x} \rightarrow y = x \cdot sen\,\alpha \rightarrow y = 9,54 \cdot sen\,17,46° \rightarrow y = 2,86$$

(Redondeando a dos cifras decimales)

9. Ahora disponemos de todos los datos necesarios para hallar la superficie lateral del cono. ¿Qué fórmula se puede utilizar?

La fórmula: A = π · r · g

10. Identifica cada dato de la fórmula con los resultados obtenidos, sustitúyelos y efectúa los cálculos correspondientes.

El radio del cono se corresponde con y, y la generatriz, con x. Susti-
tuyendo y operando, resulta:

$$A = \pi \cdot r \cdot g \rightarrow A = 3,14 \cdot 2,86 \cdot 9,54 \rightarrow A = 85,67$$

(Redondeando a dos cifras decimales)

11. Denotamos la altura del cono con la letra h. Calcula razonadamente esta
altura, teniendo en cuenta el dibujo y los valores hallados de y y α.

La altura h se corresponde con el cateto contiguo al ángulo α en
el triángulo rectángulo que tiene y como segundo cateto. Por tanto,
usamos la definición de la tangente, que es la razón trigonométrica
que relaciona los dos catetos con uno de los ángulos agudos. Así,
tenemos:

$$tg\alpha = \frac{y}{h} \rightarrow h = \frac{y}{tg\alpha} \rightarrow h = \frac{2,86}{tg17,46°} \rightarrow h = 9,09$$

(Redondeando a dos cifras decimales)

12. ¿Cuál es la fórmula que permite calcular el volumen del cono?

La fórmula: $V = \dfrac{\pi \cdot r^2 \cdot h}{3}$

13. Identifica cada dato de la fórmula con los resultados obtenidos, aplícala y realiza las operaciones oportunas.

El radio del cono, como antes, se corresponde con el segmento y, y
la altura, con h. Así pues, sustituyendo en la fórmula y operando,
resulta:

$$V = \frac{\pi \cdot r^2 \cdot h}{3} \rightarrow V = \frac{3,14 \cdot (2,86)^2 \cdot 9,09}{3} \rightarrow V = 77,82$$

(Redondeando a dos cifras decimales)

14. Responde a las preguntas planteadas en el enunciado.

La superficie lateral del cono es de 85,67 cm^2, y el volumen,
de 77,82 cm^3.

15. ¿Tendría sentido que los resultados fueran números exactos? Razona la respuesta.

Sí que tendría sentido, pues tanto el área como el volumen pueden tomar cualquier valor no negativo, ya sea exacto o decimal.

➢ Desde un balcón, situado a una altura de 12 m, se ve el punto más cercano del borde de una fuente circular bajo un ángulo de depresión de 30°, y el más alejado, bajo un ángulo de depresión de 25°. ¿Cuál es la superficie de la fuente?

1. Realiza un dibujo que muestre la situación, incluyendo los datos del enunciado. Denota con la letra *x* el diámetro de la fuente, y con la letra *y*, la distancia de la fuente a la pared en la que está el balcón. Coloca estas letras en los lugares adecuados del dibujo. Observa el triángulo rectángulo cuyos catetos son la pared donde está el balcón y el segmento horizontal que va desde la base de la pared hasta el punto más cercano del borde de la fuente. ¿Es posible determinar los ángulos agudos de este triángulo rectángulo con los datos del enunciado? En caso afirmativo, hállalos de manera razonada y escríbelos en el dibujo; en caso negativo, indica qué dato se necesita conocer y calcúlalo.

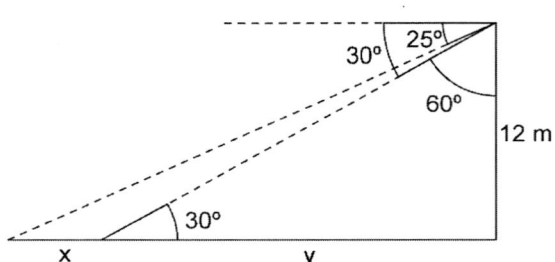

Sí que es posible determinar los ángulos agudos: como el ángulo de depresión es de 30°, resulta que el ángulo agudo contiguo a la pared mide 60°, ya que la suma de los dos debe ser igual a 90°. En consecuencia, el otro ángulo agudo tiene la misma amplitud que el ángulo de depresión, 30°, por la misma razón.

2. ¿Qué ángulo forma con la horizontal el segmento que une el balcón con el punto más alejado del borde de la fuente? Argumenta la respuesta.

Este segmento forma un ángulo de 25° con la horizontal, pues este ángulo tiene la misma amplitud que el ángulo de depresión. Se llega a esta conclusión con un razonamiento análogo al anterior.

3. Calcula razonadamente el valor de la letra y, aplicando la definición de la razón trigonométrica adecuada y teniendo en cuenta los datos recogidos en el dibujo.

Como se conocen los ángulos y un cateto, y se pretende calcular el otro cateto, se usa la definición de la tangente:

$$tg60° = \frac{y}{12} \rightarrow y = 12 \cdot tg60° \rightarrow y = 20{,}78$$

(Redondeando a dos cifras decimales)

4. Halla el valor de la letra x, aplicando la misma definición y teniendo en cuenta el dibujo y las respuestas a las dos últimas cuestiones.

$$tg25° = \frac{12}{x+y} \rightarrow x+y = \frac{12}{tg25°} \rightarrow x = \frac{12}{tg25°} - y \rightarrow x = \frac{12}{tg25°} - 20{,}78 \rightarrow x = 4{,}95$$

5. ¿Qué fórmula se debe utilizar para calcular la superficie de la fuente?

La fórmula del área del círculo: $A = \pi \cdot r^2$

6. Calcula el dato que falta para poder aplicar esta fórmula.

$$r = \frac{x}{2} \rightarrow r = 2{,}475$$

7. Sustituye el valor obtenido en la fórmula y realiza las operaciones oportunas.

$$A = \pi \cdot r^2 \rightarrow A = 3{,}14 \cdot (2{,}475)^2 \rightarrow A = 19{,}23$$

8. Contesta a la pregunta planteada en el enunciado.

La superficie de la fuente es de 19,23 m².

> Una empresa de actividades de aventura ha instalado una grúa para que sus clientes practiquen *jumping*. Nacho, que es muy curioso y dispone de un teodolito casero muy preciso, quiere comprobar si la altura del salto es realmente de 150 m, como afirma la publicidad de la empresa. Para ello, coloca su teodolito en el suelo, a cierta distancia de la grúa, para no levantar sospechas, y observa el ángulo que forma la visual del punto de salto con la horizontal, siendo este de 72°. A continuación, se aleja de la grúa 20 m y vuelve a observar el ángulo, siendo en ese lugar de 65°. ¿Tiene Nacho razones para afirmar que la publicidad de la empresa es falsa?

1. Realiza un dibujo que muestre la situación, incluyendo los datos conocidos. Llama h a la altura del salto, y x a la distancia entre la base de la grúa y el primer punto de observación del ángulo. Escribe estas letras en los lugares correspondientes del dibujo.

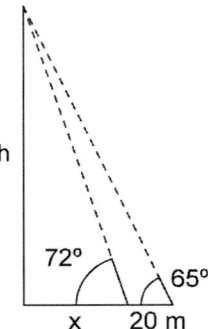

2. Observa el dibujo y utiliza la definición de la razón trigonométrica adecuada para relacionar el ángulo de 72° con las letras h y x. Argumenta la respuesta.

Como las letras h y x se corresponden con los catetos del triángulo rectángulo en el que se encuentra el ángulo de 72°, consideramos la definición de la tangente. Así, tenemos:

$$tg72° = \frac{h}{x}$$

3. De manera análoga, relaciona las letras h y x con el ángulo de 65° y el segmento recto de 20 m de longitud.

Aplicando la definición de la tangente, en el triángulo rectángulo en el que se encuentra el ángulo de 65°, resulta:

$$tg65° = \frac{h}{x + 20}$$

4. Plantea y resuelve el sistema de ecuaciones que se forma al considerar las dos igualdades anteriores de manera conjunta.

$$\begin{cases} tg72° = \dfrac{h}{x} \\ tg65° = \dfrac{h}{x+20} \end{cases} \rightarrow \begin{cases} h = x \cdot tg72° \\ h = tg65° \cdot (x+20) \end{cases} \rightarrow x \cdot tg72° = tg65° \cdot (x+20) \rightarrow$$

$$x \cdot tg72° = x \cdot tg65° + 20 \cdot tg65° \rightarrow x = \frac{20 \cdot tg65°}{tg72° - tg65°} \rightarrow x = 45,96$$

$$h = x \cdot tg72° \rightarrow h = 45,96 \cdot tg72° \rightarrow h = 141,45$$

(Redondeando a dos cifras decimales)

5. ¿Cuál es la diferencia entre la altura del salto que publicita la empresa y la calculada por Nacho? ¿Qué error relativo corresponde a esta diferencia? ¿Qué porcentaje de error supone?

La diferencia es: 150 − 141,45 = 8,55

Y el error relativo: $E_r = \dfrac{8,55}{141,45} = 0,0604$

Por tanto, el porcentaje de error es del 6,04 %.

6. ¿Es un porcentaje de error lo suficientemente pequeño como para afirmar que la publicidad es cierta, o es demasiado elevado y, en consecuencia, la publicidad es falsa?

El porcentaje de error es demasiado elevado.

7. Responde a la pregunta planteada en el enunciado, teniendo en cuenta la conclusión anterior.

Nacho tiene razones para afirmar que la publicidad de la empresa es falsa.

➢ El tapete de una mesa de billar rectangular tiene unas dimensiones de 100 cm × 180 cm, y el punto desde el que inicialmente se lanza la bola blanca está situado a 30 cm del lado menor. Un jugador lanza la bola blanca desde el mencionado punto sobre la bola negra y esta se cuela en la tronera del fondo, a la izquierda del jugador. La bola blanca sale rebotada tras su colisión con la negra, en una dirección que forma un ángulo de 105° con la trayectoria seguida por la bola negra, con tan mala fortuna para el jugador que va a parar a la tronera del fondo, a la derecha, formando un ángulo de 30° con el lado menor del tapete. Halla la distancia a la que se encontraban las dos bolas antes del lanzamiento.

1. Realiza un dibujo que muestre el tapete de la mesa de billar en posición vertical, con el punto de lanzamiento de la bola blanca, denotado por *B*, en las proximidades del lado inferior y centrado respecto a los lados verticales. Señala un punto *N* en la zona superior izquierda del tapete, correspondiente a la posición de la bola negra. Traza los segmentos

rectos que describen las trayectorias seguidas por las bolas y coloca los datos del enunciado en los lugares adecuados. Llama *D* al punto donde se encuentra la tronera del fondo a la derecha, e *I* al correspondiente a la de la izquierda. En el triángulo *NID*, traza la altura correspondiente al vértice *N* y representa con la letra *P* el punto de intersección de esta altura con el lado *ID*. Llama *x* a la longitud del segmento *IP* y escribe esta letra en un lugar adecuado. Traza un segmento horizontal con extremo en el punto *N* y otro vertical con extremo en el punto *B*, de manera que los dos segmentos tengan como segundo extremo el punto *Q*, que es el punto de intersección de ambos segmentos. Calcula razonadamente la medida del ángulo $\widehat{NID}$, teniendo en cuenta la amplitud de los ángulos representados en el dibujo. Escribe el valor obtenido junto al ángulo.

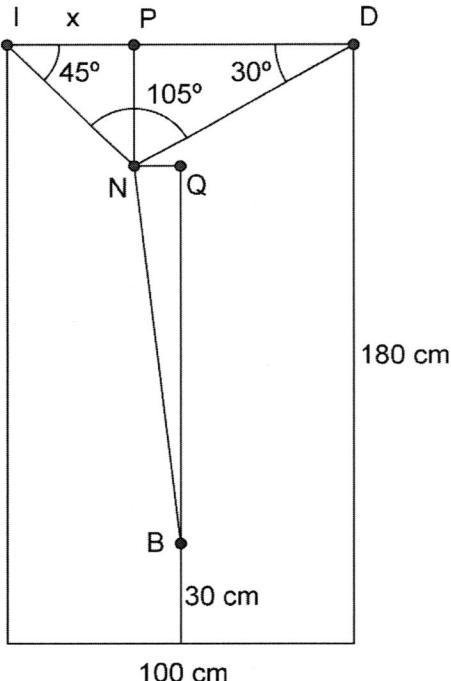

El ángulo $\widehat{NID}$ mide 45°, ya que $\widehat{NID} = 180° - 30° - 105° = 45°$, puesto que la suma de los ángulos del triángulo NID debe ser igual a 180°.

2. ¿Cómo se puede expresar la longitud del segmento *PD*, en función de *x*? ¿Por qué?

   Se puede expresar como 100 – x, porque ID mide 100 cm y se cumple que PD = ID – IP.

3. ¿Y la del segmento *NP*? Ten en cuenta el valor de los ángulos del triángulo *NIP*. Justifica la respuesta.

   Como el triángulo NIP tiene un ángulo recto y otro de 45°, el tercer ángulo también debe medir 45°, para que la suma de los tres sea igual a 180°. Entonces, se trata de un triángulo isósceles, por lo que los lados IP y NP tienen la misma longitud. Por tanto, la longitud del segmento NP también se puede expresar con la letra x.

4. Utiliza la definición de la razón trigonométrica adecuada, en el triángulo *NPD*, para relacionar el ángulo de 30° con la letra *x*, teniendo en cuenta las respuestas a las dos últimas cuestiones.

   Aplicando la definición de la tangente, tenemos:

   $$tg\,30° = \frac{x}{100 - x}$$

5. Se ha obtenido una ecuación cuya incógnita es la letra *x*. Sustituye la razón trigonométrica de 30° por su valor exacto, resuelve la ecuación y redondea el resultado a las décimas.

   $$\frac{\sqrt{3}}{3} = \frac{x}{100 - x} \rightarrow 100\sqrt{3} - \sqrt{3}x = 3x \rightarrow x = \frac{100\sqrt{3}}{\sqrt{3} + 3} \rightarrow x = 36{,}6$$

6. Determina razonadamente la longitud del segmento *BQ*, teniendo en cuenta la distancia de *Q* al lado superior del tapete, la distancia de *B* al inferior y la medida del largo de la zona de juego de la mesa de billar.

   La distancia de Q al lado superior del tapete es igual a la longitud del segmento NP, por lo que esta distancia es de 36,6 cm. Por otro lado, como la distancia de B al lado inferior es de 30 cm y el tapete mide 180 cm de largo, resulta:

   $$BQ = 180 - 30 - 36{,}6 = 113{,}4$$

7. Calcula la longitud del segmento *NQ*. Argumenta la respuesta.

El punto Q se encuentra a 50 cm de los lados más largos del tapete, porque está en la misma vertical que el punto B, el cual está centrado respecto a ellos, y, además, el ancho del tapete mide 100 cm.

Por otro lado, la distancia de N al lado vertical izquierdo del tapete coincide con la longitud del segmento IP, por lo que esta distancia es de 36,6 cm. Así pues, como la longitud del segmento NQ se obtiene restando estas dos distancias, tenemos:

$$NQ = 50 - 36,6 = 13,4$$

8. Halla, paso a paso, la longitud del segmento *BN*, teniendo en cuenta las respuestas a las dos últimas cuestiones y aplicando el teorema adecuado.

Aplicamos el teorema de Pitágoras:

$$BN^2 = BQ^2 + NQ^2 \rightarrow BN^2 = (113,4)^2 + (13,4)^2 \rightarrow BN^2 = 12\,859,56 + 179,56 \rightarrow$$

$$BN^2 = 13\,039,12 \rightarrow BN = \pm\sqrt{13\,039,12} \rightarrow BN = \pm114,19$$

(Redondeando a dos cifras decimales)

Descartando la solución negativa, por ser una distancia, resulta que BN = 114,19.

9. Responde a la pregunta formulada en el enunciado.

Antes del lanzamiento, las dos bolas se encontraban a 114,19 cm de distancia.

➢ La trayectoria descrita por un proyectil, lanzado a ras del suelo, viene dada por la siguiente función:

$$f(x) = x\,tg\alpha - \frac{gx^2}{2v_0^2\cos^2\alpha}$$

En esta expresión, α es el ángulo de inclinación con respecto al suelo con el que sale disparado el proyectil, g es la aceleración de la gravedad (aproximadamente, 9,8 m/s²) y v_0 es la velocidad inicial con la que el proyectil sale del cañón.

Si se dispara el proyectil con un ángulo de inclinación de 30°, ¿cuál debe ser la velocidad inicial para que impacte a 3500 m?

1. Observa la función que describe la trayectoria del proyectil. ¿De qué tipo es?

   Es una función cuadrática.

2. ¿Qué signo tiene el coeficiente principal?

   El coeficiente principal tiene signo negativo.

3. Entonces, ¿qué forma tiene la trayectoria que sigue el proyectil?

   Tiene forma de parábola abierta hacia abajo.

4. Si fijamos el origen de coordenadas en el punto desde el que se lanza el proyectil, ¿cuáles deben ser las coordenadas del punto de impacto, para que este se encuentre a 3500 m?

   Las coordenadas del punto de impacto deben ser (3500, 0).

5. ¿Qué ecuación resulta al sustituir los datos del enunciado y los obtenidos en la cuestión anterior en la expresión de la función? ¿Cuál es la incógnita de esta ecuación?

   Resulta la ecuación:

$$0 = 3500 \cdot tg\,30° - \frac{9{,}8 \cdot 3500^2}{2 \cdot v_0^2 \cdot \cos^2 30°}$$

   La incógnita es v_0.

6. Resuelve la ecuación, indicando los pasos que se van dando.

   En primer lugar, se escriben las razones trigonométricas de 30°:

$$0 = 3500 \cdot \frac{\sqrt{3}}{3} - \frac{9{,}8 \cdot 3500^2}{2 \cdot v_0^2 \cdot \left(\dfrac{\sqrt{3}}{2}\right)^2}$$

   A continuación, se opera, se trasponen términos y se simplifica:

$$0 = \frac{3500 \cdot \sqrt{3}}{3} - \frac{9{,}8 \cdot 3500^2}{2 \cdot v_0^2 \cdot \dfrac{3}{4}} \rightarrow \frac{9{,}8 \cdot 3500^2}{3 \cdot v_0^2} = \frac{3500 \cdot \sqrt{3}}{3} \rightarrow \frac{2 \cdot 9{,}8 \cdot 3500}{v_0^2} = \sqrt{3}$$

Por último, se invierten las fracciones, se trasponen términos, se opera y se extrae la raíz cuadrada:

$$\frac{v_0^2}{2 \cdot 9,8 \cdot 3500} = \frac{1}{\sqrt{3}} \rightarrow v_0^2 = \frac{2 \cdot 9,8 \cdot 3500}{\sqrt{3}} \rightarrow v_0 = \pm\sqrt{\frac{68\,600}{\sqrt{3}}} \rightarrow v_0 = \pm 199$$

7. Responde a la pregunta planteada en el enunciado.

La velocidad inicial debe ser de unos 199 m/s.

➤ El gasto mensual del mantenimiento de una residencia universitaria viene dado por una cantidad fija de 23 000 €, más 136 € por cada estudiante que se aloje. Cada residente tiene que abonar una mensualidad de 420 €. ¿Cuántos estudiantes deben alojarse al mes en esta residencia para que sus beneficios sean del 20 % de los ingresos? ¿A cuánto ascienden estos beneficios?

1. Llamamos $f(x)$ a la función que permite indicar los ingresos mensuales de la residencia universitaria, dependiendo del número de estudiantes alojados. ¿Cuál es la expresión algebraica de esta función?

La expresión algebraica de esta función es f(x) = 420x.

2. ¿Qué porcentaje de los ingresos de la residencia debe destinarse a cubrir gastos, si se pretenden conseguir los beneficios indicados en el enunciado? ¿Por qué?

Debe destinarse el 80 % de los ingresos a cubrir gastos, porque así se obtiene el 20 % de beneficios, ya que 100 % – 20 % = 80 %.

3. Entonces, ¿cómo se pueden expresar los gastos mensuales de la residencia, utilizando la función $f(x)$? Argumenta la respuesta y realiza las operaciones adecuadas.

80 % de f(x) = 80 % de 420x = 0,8 · 420x = 336x

4. Por otro lado, llamamos $g(x)$ a la función que permite indicar los gastos mensuales de la residencia, dependiendo de la cantidad de estudiantes que la ocupen. Determina la expresión algebraica de la función $g(x)$, teniendo en cuenta los datos del enunciado.

La expresión algebraica es g(x) = 23 000 + 136x.

5. Observa las respuestas a las dos cuestiones anteriores. ¿Qué relación debe haber entre ellas? ¿Por qué?

Deben ser iguales, porque las dos se corresponden con los gastos mensuales de la residencia universitaria.

6. Entonces, ¿qué ecuación se tiene que cumplir?

Se tiene que cumplir la ecuación: 336x = 23 000 + 136x

7. Resuelve la ecuación.

$$336x = 23\,000 + 136x \rightarrow 200x = 23\,000 \rightarrow x = 115$$

8. ¿Es un resultado coherente? ¿Por qué?

Sí que es un resultado coherente, porque se trata de un número natural, como es necesario para referirse a una cantidad de personas.

9. Determina razonadamente los beneficios mensuales obtenidos por la residencia universitaria.

En primer lugar, calculamos los ingresos mensuales correspondientes a 115 estudiantes:

$$f(115) = 420 \cdot 115 = 48\,300$$

A continuación, se halla el 20 % de la cantidad obtenida:

$$20\;\% \text{ de } 48\,300 = 0{,}2 \cdot 48\,300 = 9660$$

10. Contesta a las preguntas formuladas en el enunciado.

Para que los beneficios de la residencia sean del 20 % de los ingresos, deben alojarse 115 estudiantes al mes. En tal caso, los beneficios ascienden a 9660 €.

➤ La rentabilidad, en euros, que genera diariamente un fondo de inversión con un capital de *x* miles de euros viene dada por la siguiente función:

$$f(x) = -\frac{3}{200}x^2 + \frac{6}{5}x$$

a) ¿Qué rentabilidad diaria se obtiene al invertir 18 000 € en este fondo?

b) ¿Qué cantidad hay que invertir en este fondo para conseguir la máxima rentabilidad diaria? ¿A cuánto asciende esta rentabilidad diaria?

c) ¿Cuál es la máxima cantidad que se puede invertir en este fondo para no perder dinero?

1. ¿Cuál es el valor que hay que asignar a la variable independiente *x*, si se invierten 18 000 € en este fondo? Argumenta la respuesta.

   Como la variable independiente x expresa la cantidad de miles de euros, al invertir 18 000 € hay que asignar a x el valor 18.

2. Entonces, ¿qué hay que hacer para hallar la rentabilidad diaria que se obtiene al invertir 18 000 € en este fondo?

   Hay que sustituir la letra x por 18 en la expresión de la función y efectuar las operaciones.

3. Calcula la rentabilidad pedida en el apartado *a)* y responde a la pregunta planteada.

$$f(18) = -\frac{3}{200} \cdot 18^2 + \frac{6}{5} \cdot 18 = 16,74$$

   Al invertir 18 000 € en este fondo, se obtiene una rentabilidad diaria de 16,74 €.

4. Ahora que está resuelto el primer apartado, se puede pasar al segundo. ¿Qué tipo de función es la que expresa la rentabilidad diaria del fondo de inversión?

   Es una función cuadrática.

5. ¿Cuál es el signo del coeficiente principal?

   El coeficiente principal tiene signo negativo.

6. Entonces, ¿qué forma tiene la gráfica de la función?

   La gráfica de la función tiene forma de parábola abierta hacia abajo.

7. En consecuencia, ¿cómo se puede hallar el máximo de la función?

   Se puede hallar obteniendo el vértice de la parábola.

8. Calcula el valor de la variable independiente x para el que la función toma el máximo valor posible, teniendo en cuenta las respuestas anteriores y aplicando la fórmula adecuada.

$$V_x = \frac{-b}{2a} = \frac{-\dfrac{6}{5}}{-\dfrac{6}{200}} = \frac{200}{5} = 40$$

9. ¿Con qué inversión se corresponde el valor obtenido? ¿Por qué?

El valor obtenido se corresponde con una inversión de 40 000 €, porque la variable x indica la cantidad de miles de euros invertidos.

10. ¿Cómo se puede obtener la rentabilidad diaria correspondiente a esta inversión?

Sustituyendo la letra x por 40 en la expresión de f(x) y efectuando las operaciones.

11. Calcúlala.

$$f(40) = -\frac{3}{200} \cdot 40^2 + \frac{6}{5} \cdot 40 = 24$$

12. Responde a las preguntas formuladas en el apartado *b)*.

Para conseguir la máxima rentabilidad diaria hay que invertir 40 000 € en este fondo. En tal caso, la rentabilidad es de 24 € al día.

13. Una vez resuelto el apartado *b)*, se aborda el *c)*. ¿Qué tiene que ocurrir para que no se pierda dinero al invertir en este fondo?

Tiene que ocurrir que la rentabilidad diaria no sea negativa.

14. Entonces, ¿qué inecuación se puede plantear para resolver este apartado?

La inecuación:

$$-\frac{3}{200}x^2 + \frac{6}{5}x \geq 0$$

15. ¿Qué tipo de inecuación es?

Es una inecuación de segundo grado con una incógnita.

16. Resuélvela, indicando los pasos que se van dando.

En primer lugar, convertimos la inecuación en una ecuación:

$$-\frac{3}{200}x^2 + \frac{6}{5}x = 0$$

A continuación, resolvemos esta ecuación:

$$x\left(-\frac{3}{200}x + \frac{6}{5}\right) = 0 \rightarrow \begin{cases} x = 0 \\ x = \dfrac{6 \cdot 200}{5 \cdot 3} \rightarrow x = 80 \end{cases}$$

Por último, consideramos los tres tramos de la recta real determinados por las dos soluciones de la ecuación. Como el primer miembro de la inecuación toma valores no negativos entre 0 y 80, resulta que la solución de la inecuación es el intervalo [0, 80].

17. En consecuencia, ¿cuál es el máximo valor que puede tomar la variable independiente *x* para que no se pierda dinero al invertir en el fondo? ¿Con qué inversión se corresponde este valor de *x*?

El máximo valor que puede tomar x para que no se pierda dinero al invertir en el fondo es 80. Este valor se corresponde con una inversión de 80 000 €.

18. Responde a la pregunta formulada en el apartado *c)*.

La máxima cantidad que se puede invertir en este fondo para no perder dinero es 80 000 €.

19. Observa la respuesta a la cuestión 8 y la correspondiente a la primera pregunta de la cuestión 17. ¿Qué relación hay entre ambas cantidades?

Una es el doble de la otra.

20. ¿Esta relación es casual o hay alguna razón para que sea así? Ten en cuenta que, como es lógico, la rentabilidad del fondo es nula cuando no se invierte ningún capital, es decir, la gráfica de $f(x)$ pasa por el origen de coordenadas.

Hay una razón para que sea así: la gráfica de f(x) es simétrica respecto de la recta vertical que pasa por el vértice. Como la abscisa de este punto es x = 40 y la gráfica de f(x) pasa por el (0, 0), resulta que el otro punto de corte con el eje OX debe ser el (80, 0), ya que la abscisa del vértice está a la misma distancia de los dos puntos de corte con el eje OX.

➢ Ruth quiere colocar en su salón un ventanal rectangular de la mayor superficie posible, para que sea lo más luminoso que se pueda. Para ello, dispone de 739 €. Un instalador le ha dado la lista de precios que aparece en la nota. ¿Qué dimensiones tendrá el ventanal?

> LISTA DE PRECIOS
>
> Marco horizontal del ventanal: 27,50 € cada metro lineal
>
> Marco vertical del ventanal: 40 € cada metro lineal
>
> Hojas y cristales del ventanal: 475 €

1. Realiza un dibujo que muestre el ventanal, representando su anchura por la letra x y su altura por la letra y.

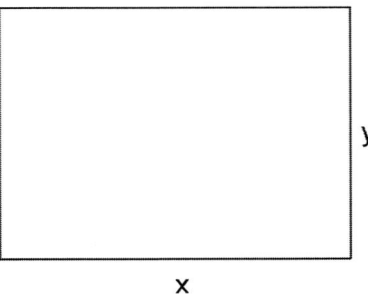

2. ¿Cómo se puede expresar la superficie del ventanal, empleando estas dos letras?

Mediante la expresión que resulta al aplicar la fórmula del área de un rectángulo:

$$A = x \cdot y$$

3. Así pues, el problema consiste en calcular el valor máximo de la expresión anterior. Sin embargo, en esta expresión aparecen dos variables, por lo que es necesario relacionarlas mediante una igualdad, para obtener una función con una sola variable. Para ello, en primer lugar, calcula la cantidad que Ruth se puede gastar en el marco del ventanal, teniendo en cuenta el dinero del que dispone y el coste de las hojas y los cristales.

Se puede gastar 264 €, porque 739 − 475 = 264.

4. Expresa el coste del marco horizontal del ventanal en función de la letra x. Argumenta la respuesta.

Como son dos tramos horizontales, de x metros de longitud cada uno, y el precio es de 27,50 €/m, el coste del marco horizontal es:

$$2 \cdot 27{,}50 \cdot x = 55x$$

5. Del mismo modo, expresa el coste del marco vertical, en función de la letra y.

El coste del marco vertical es:

$$2 \cdot 40 \cdot y = 80y$$

6. Entonces, ¿cómo se puede expresar el coste total del marco del ventanal, en función de estas dos letras?

Mediante la expresión $55x + 80y$

7. Observa las respuestas a las cuestiones 3 y 6. ¿Qué relación debe haber entre ellas? ¿Por qué?

Deben ser iguales, porque las dos respuestas se corresponden con la cantidad que Ruth puede pagar por el marco del ventanal.

8. Expresa la letra y en función de la letra x, teniendo en cuenta la respuesta a la cuestión anterior.

$$55x + 80y = 264 \rightarrow y = \frac{264 - 55x}{80}$$

9. Sustituye esta expresión de y en la fórmula obtenida en la cuestión 2, realiza las operaciones correspondientes y escribe el resultado como un polinomio ordenado.

$$A = x \cdot \frac{264 - 55x}{80} = \frac{264x - 55x^2}{80} = -\frac{55}{80}x^2 + \frac{264}{80}x = -\frac{11}{16}x^2 + \frac{33}{10}x$$

10. La respuesta a la cuestión anterior permite observar que se ha expresado la superficie del ventanal como una función de una sola variable: la anchura del ventanal. ¿Qué tipo de función es?

    Es una función cuadrática.

11. ¿Qué signo tiene su coeficiente principal?

    Su coeficiente principal es negativo.

12. Entonces, ¿qué forma tiene su gráfica?

    Su gráfica tiene forma de parábola abierta hacia abajo.

13. En consecuencia, ¿cómo se puede determinar el máximo de la función?

    Se puede determinar localizando el vértice de la parábola.

14. Halla el punto en el que la función alcanza su máximo valor, teniendo en cuenta las respuestas anteriores y aplicando la fórmula adecuada.

$$V_x = \frac{-b}{2a} = \frac{-\dfrac{33}{10}}{-\dfrac{22}{16}} = 2,4$$

15. ¿Con qué se corresponde el valor obtenido?

    Se corresponde con la anchura del ventanal para la cual tiene la máxima luminosidad posible, dentro del presupuesto que tiene Ruth.

16. Calcula el valor de la otra letra, teniendo en cuenta las respuestas a las cuestiones 8 y 14.

    El valor de la otra letra es:

$$y = \frac{264 - 55 \cdot 2,4}{80} = 1,65$$

17. ¿Con qué se corresponde este resultado?

Se corresponde con la altura del ventanal para la cual se consigue la máxima luminosidad, dentro de las limitaciones del presupuesto de Ruth.

18. Responde a la pregunta formulada en el enunciado.

El ventanal tendrá 2,4 m de ancho y 1,65 m de alto.

19. ¿Sería razonable que el valor de la letra *x* fuera menor que el de la letra *y*? ¿Por qué?

Sí que sería razonable, porque es posible que el ventanal sea más alto que ancho.

20. ¿Sería razonable que las letras *x* e *y* tuvieran el mismo valor? Razona la respuesta.

También sería razonable, porque no hay ninguna condición que impida que el ancho y el alto del ventanal sean iguales. En ese caso, el rectángulo determinado por el ventanal sería realmente un cuadrado.

➤ ¿De cuántas maneras se pueden colocar dos torres (de distinto color) en un tablero de ajedrez, cada una en una casilla, de modo que no se puedan capturar entre sí?

1. Dibuja un tablero de ajedrez.

2. Imagina que primero se coloca una torre en una casilla del tablero y luego la otra. ¿En cuántos lugares se puede poner la primera torre? ¿Por qué?

   La primera torre se puede poner en 64 lugares, porque el tablero de ajedrez tiene 64 casillas.

3. Dibuja una torre en una casilla cualquiera del tablero de ajedrez, para representar la primera torre ya colocada. Señala con una «X» cada una de las casillas en las que se podría colocar la otra torre, de manera que se pudieran capturar entre sí. Ten en cuenta que en el ajedrez las torres se pueden mover en horizontal o en vertical, tantas casillas vacías como se quiera, y que para capturar una pieza hay que colocar la que captura en la misma casilla que ocupaba la capturada, la cual se retira del tablero.

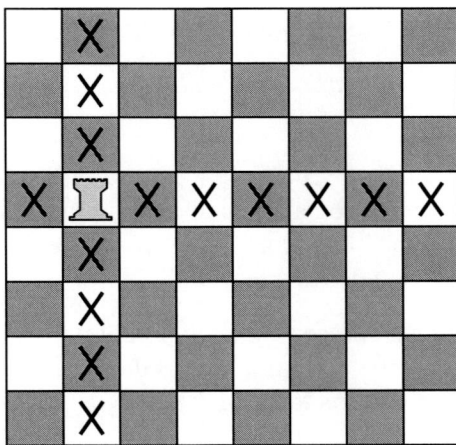

4. ¿Cuántas casillas del tablero de ajedrez han quedado vacías?

   Han quedado 49 casillas vacías.

5. Entonces, ¿en cuántas casillas se podría colocar la segunda torre, de manera que no se pudieran capturar mutuamente?

   La segunda torre se podría colocar en cualquiera de las 49 casillas que han quedado vacías.

6. ¿Es un resultado general o depende de dónde se coloque la primera torre? Argumenta la respuesta.

El resultado no depende de dónde se coloque la primera torre, porque, una vez colocada, siempre habrá siete casillas en la misma fila y otras siete en la misma columna en las que no se podrá colocar la segunda torre, por estar al alcance de la primera.

7. Teniendo en cuenta la forma en que se colocan las dos torres, primero una y luego la otra, ¿qué principio hay que utilizar para averiguar de cuántas maneras se pueden colocar las dos torres, de modo que no se puedan capturar mutuamente?

Hay que utilizar el principio del producto.

8. Calcula el dato pedido, teniendo en cuenta las respuestas a las cuestiones 2, 5, 6 y 7.

Aplicando el principio del producto, resulta: $64 \cdot 49 = 3136$

9. Responde a la pregunta planteada en el enunciado.

Se pueden colocar de 3136 maneras.

➢ Rosa tiene un dado trucado, de manera que la probabilidad de cada cara es directamente proporcional al número que aparece en ella. ¿Cuál es la probabilidad de obtener un número impar al lanzar el dado de Rosa? ¿Y la de obtener un número mayor de 2?

1. Llamamos k a la constante de proporcionalidad. Expresa la probabilidad de obtener un 6 al lanzar el dado de Rosa, $P(6)$, en función de la letra k. Argumenta la respuesta.

Como la probabilidad de cada cara es directamente proporcional al número que aparece en ella y la constante de proporcionalidad es k, resulta que $P(6) = 6k$.

2. De manera análoga, expresa las probabilidades $P(1)$, $P(2)$, $P(3)$, $P(4)$ y $P(5)$, en función de la letra k.

Por la misma razón anterior, tenemos que $P(1) = k$, $P(2) = 2k$, $P(3) = 3k$, $P(4) = 4k$ y $P(5) = 5k$.

3. Teniendo en cuenta las propiedades de la probabilidad, ¿cuánto debe valer la suma de las probabilidades anteriores? Justifica la respuesta.

Como los números 1, 2, 3, 4, 5 y 6 constituyen el espacio muestral, cuya probabilidad es 1, la suma de las probabilidades anteriores debe ser igual a 1.

4. Entonces, ¿qué ecuación se puede plantear para calcular el valor de k?

   Se puede plantear la ecuación:

$$k + 2k + 3k + 4k + 5k + 6k = 1$$

5. Resuelve la ecuación, expresando el resultado en forma de fracción.

$$k + 2k + 3k + 4k + 5k + 6k = 1 \rightarrow 21k = 1 \rightarrow k = \frac{1}{21}$$

6. Sustituye el valor de k en las expresiones obtenidas en las cuestiones 1 y 2, y realiza las operaciones necesarias. Deja los resultados en forma de fracción, sin simplificar.

$$P(1) = 1 \cdot \frac{1}{21} = \frac{1}{21} \qquad P(4) = 4 \cdot \frac{1}{21} = \frac{4}{21}$$

$$P(2) = 2 \cdot \frac{1}{21} = \frac{2}{21} \qquad P(5) = 5 \cdot \frac{1}{21} = \frac{5}{21}$$

$$P(3) = 3 \cdot \frac{1}{21} = \frac{3}{21} \qquad P(6) = 6 \cdot \frac{1}{21} = \frac{6}{21}$$

7. Consideramos el suceso A = {Al lanzar el dado de Rosa, se obtiene un número impar}. Escribe el suceso A mediante la lista de los sucesos elementales que lo componen.

$$A = \{1, 3, 5\}$$

8. Calcula la probabilidad del suceso A, teniendo en cuenta las respuestas a las dos cuestiones anteriores.

$$P(A) = P(1) + P(3) + P(5) = \frac{1}{21} + \frac{3}{21} + \frac{5}{21} = \frac{9}{21} = \frac{3}{7}$$

9. Consideramos ahora el suceso B = {Al lanzar el dado de Rosa, se obtiene un número mayor de 2}. Escribe el suceso B como la lista de los sucesos elementales que lo forman y calcula su probabilidad.

$$B = \{3, 4, 5, 6\}$$

$$P(B) = P(3) + P(4) + P(5) + P(6) = \frac{3}{21} + \frac{4}{21} + \frac{5}{21} + \frac{6}{21} = \frac{18}{21} = \frac{6}{7}$$

10. Responde a las dos preguntas formuladas en el enunciado.

La probabilidad de obtener un número impar al lanzar el dado de Rosa es igual a 3/7 y la de obtener un número mayor de 2 toma el valor 6/7.

11. ¿Se ha calculado algún dato que no se haya utilizado? ¿Cuál?

Sí, el valor de P(2).

➢ Soraya introduce, al azar, cinco bolas de distinto color en tres cajas. ¿Cuál es la probabilidad de que la primera caja se quede vacía?

1. Vamos a resolver el problema usando la regla de Laplace. ¿Qué establece esta regla?

Establece que la probabilidad de un suceso es igual al cociente entre el número de casos favorables al suceso y el número de casos posibles.

2. En primer lugar, calcularemos el número de casos posibles, que suele ser la parte más sencilla. Imagina que Soraya toma la primera bola. ¿En cuántas cajas puede introducirla?

Puede introducirla en cualquiera de las tres cajas.

3. Una vez que Soraya haya introducido la primera bola, toma la segunda. ¿En cuantas cajas puede introducirla?

Como antes, puede introducirla en cualquiera de las tres cajas.

4. Entonces, ¿de cuántas maneras puede Soraya distribuir las dos primeras bolas en las tres cajas? ¿Por qué? ¿Qué principio se utiliza?

Soraya puede distribuir las dos primeras bolas en las tres cajas de nueve maneras, porque 3 · 3 = 9. Se utiliza el principio del producto.

5. ¿En cuántas cajas puede introducir Soraya cada una de las tres bolas restantes?

Soraya puede introducir cada una de las tres bolas restantes en cualquiera de las tres cajas.

6. En consecuencia, ¿de cuántas maneras puede Soraya distribuir las cinco bolas en las tres cajas? Para responder a esta pregunta, generaliza el razonamiento usado en la cuestión 4.

El razonamiento usado en la cuestión 4 se generaliza aplicando el principio del producto varias veces. Así, resulta que el número de maneras que tiene Soraya de distribuir las cinco bolas en las tres urnas es:

$$3 \cdot 3 \cdot 3 \cdot 3 \cdot 3 = 3^5 = 243$$

7. Ahora, calcularemos el número de casos favorables al suceso A = {La primera caja se queda vacía}. Para ello, razonaremos de manera análoga. Imagina que Soraya toma la primera bola. ¿En cuántas cajas puede introducirla, de manera que la primera caja quede vacía?

Puede introducirla en cualquiera de las otras dos cajas.

8. Una vez que Soraya haya introducido la primera bola, dejando la primera caja vacía, ¿en cuántas cajas puede introducir la segunda bola, de modo que la primera caja siga quedando vacía?

Igualmente, puede introducirla en cualquiera de las otras dos cajas.

9. Entonces, ¿de cuántas maneras puede Soraya distribuir las dos primeras bolas en las tres cajas, de forma que la primera quede vacía? Argumenta la respuesta.

Aplicando el principio del producto, resulta que Soraya puede distribuir las dos primeras bolas de cuatro maneras, para que la primera caja quede vacía, porque $2 \cdot 2 = 4$.

10. Generaliza el razonamiento anterior y determina de cuántas maneras puede Soraya colocar las cinco bolas en las tres cajas, de modo que la primera caja quede vacía.

Aplicando varias veces el principio del producto, se obtiene el dato pedido:

$$2 \cdot 2 \cdot 2 \cdot 2 \cdot 2 = 2^5 = 32$$

11. Calcula la probabilidad del suceso A, teniendo en cuenta las respuestas a las cuestiones 1, 6 y 10.

$$P(A) = \frac{Casos\ favorables}{Casos\ posibles} = \frac{32}{243} \approx 0{,}13$$

12. Contesta a la pregunta planteada en el enunciado.

La probabilidad de que la primera caja se quede vacía es igual a 0,13.

➢ Olga lanza un dardo sobre una diana rectangular de 40 cm de ancho y 25 cm de alto. Llamamos C al punto donde impacta el dardo, A al vértice inferior izquierdo de la diana, y B al vértice inferior derecho. ¿Cuál es la probabilidad de que el área del triángulo ABC sea mayor de 150 cm²?

1. Haz un dibujo que represente la diana, incluyendo los datos del enunciado, y señala el punto de impacto del dardo en un lugar cualquiera de la diana. Dibuja el triángulo ABC. Denota la altura del triángulo ABC correspondiente al vértice C con la letra h, y represéntala en el dibujo.

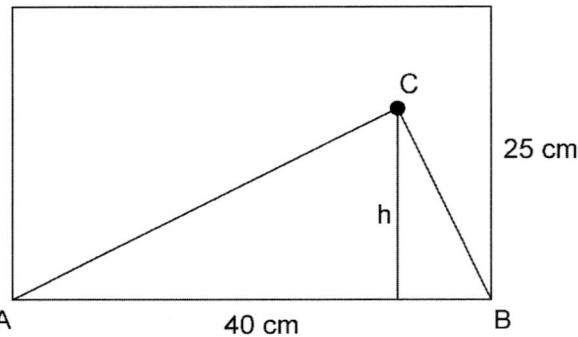

2. Expresa la superficie del triángulo ABC en función de la letra h. Simplifica el resultado.

$$S = \frac{b \cdot h}{2} \rightarrow S = \frac{40h}{2} \rightarrow S = 20h$$

3. ¿Qué condición debe cumplir la expresión obtenida para que ocurra el suceso cuya probabilidad hay que calcular?

La expresión obtenida debe ser mayor de 150.

4. Entonces, ¿qué inecuación se puede plantear?

Se puede plantear la inecuación:

$$20h > 150$$

5. Resuelve la inecuación.

$$20h > 150 \rightarrow h > \frac{150}{20} \rightarrow h > 7,5$$

6. Dibuja de nuevo la diana y sombrea la zona en la que debe impactar el dardo para que se cumpla lo anterior.

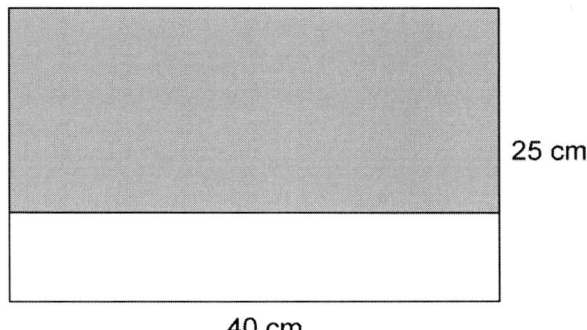

25 cm

40 cm

7. Calcula la superficie de la zona sombreada, indicando los pasos que se van dando.

   La base de la zona sombreada mide 40 cm, y la altura, 25 − 7,5 = = 17,5 cm. Por tanto, su superficie es: 40 · 17,5 = 700 cm²

8. Calcula la superficie de la diana.

   La superficie de la diana es: 40 · 25 = 1000 cm²

9. ¿Qué operación hay que hacer con los datos obtenidos en las dos cuestiones anteriores para calcular la probabilidad que se pide? ¿Qué regla o principio se utiliza? Explícalo.

   Hay que dividirlos. Se utiliza la regla de Laplace en la «versión geométrica», que establece que la probabilidad de un suceso es igual al cociente entre la superficie de la zona favorable al suceso y la superficie de la zona posible.

10. Calcula la probabilidad pedida.

    La probabilidad pedida es:

$$\frac{700}{1000} = \frac{7}{10} = 0,7$$

11. Responde a la pregunta formulada en el enunciado.

    La probabilidad de que el área del triángulo ABC sea mayor de 150 cm² es igual a 0,7.

Marcombo es una editorial especializada en libros técnicos
y científicos con más de 75 años de experiencia.

Los títulos de Marcombo están escritos por grandes especialistas
y tratan materias como Tecnología, Empresa, Instalaciones y otros temas relacionados
con las ciencias e ingenierías. Asimismo, publicamos libros sobre formación
profesional, certificados de profesionalidad y universitarios. Materias de siempre
y actuales que avalan una rigurosa y dilatada trayectoria editorial.

Tal como hemos hecho durante todos estos años, Marcombo está a su disposición
para ofrecerle las mejores obras técnicas, científicas y de formación de ayer, hoy y
siempre. Los autores, nacionales e internacionales, comparten su amplia experiencia
mostrando tutoriales de contenidos paso a paso, expertos consejos e ideas motivadoras
que reforzarán sus conocimientos. Estos libros son una valiosa herramienta
con la que potenciará notablemente sus habilidades y conocimientos técnicos.

Queremos agradecer su confianza en los libros de Marcombo.
Por eso, queremos compartir con usted diversos regalos digitales
de algunos de los temas de referencia. Puede acceder a ellos
dentro del apartado **Contenido gratuito** en
www.marcombo.com